U0117922

我看见了风暴

人工智能基建革命

谭婧 著

電子工業出版社
Publishing House of Electronics Industry
北京•BEIJING

内容简介

在这六年里，我跟踪过许多微妙线索，与超过千余位AI从业者进行了谈话，见证了一段AI的发展，看见了技术风暴。正是AI算力、框架、平台、算法模型的合力创造了AI大模型的成功。在扎实的基建之上，ChatGPT这个“庞然大物”得以横空出世。

本书讲述了微软、阿里、京东、华为、百度等科技巨头，以及科创企业AI技术演进的故事，每个故事都有自己的声音，每个故事都有自己的主角。那些推动技术的人，他们身负伟大任务的托付。他们发出光，我们被照亮。

图书在版编目（CIP）数据

我看见了风暴：人工智能基建革命 / 谭婧著. —北京：电子工业出版社，2023.5
ISBN 978-7-121-45438-7

Ⅰ. ①我… Ⅱ. ①谭… Ⅲ. ①人工智能 Ⅳ. ① TP18

中国国家版本馆CIP数据核字（2023）第068276号

责任编辑：张月萍
印　　刷：河北迅捷佳彩印刷有限公司
装　　订：河北迅捷佳彩印刷有限公司
出版发行：电子工业出版社
　　　　　北京市海淀区万寿路173信箱　　邮编：100036
开　　本：880×1230　1/32　　印张：7.375　字数：226.7千字
版　　次：2023年5月第1版
印　　次：2023年5月第1次印刷
定　　价：99.00元

凡所购买电子工业出版社图书有缺损问题，请向购买书店调换。若书店售缺，请与本社发行部联系，联系及邮购电话：（010）88254888，88258888。

质量投诉请发邮件至zlts@phei.com.cn，盗版侵权举报请发邮件至dbqq@phei.com.cn。

本书咨询联系方式：faq@phei.com.cn。

序

我和 AI 大模型的缘分，要从 2021 年元宵节发布的一篇 1.4 万字的稿子谈起。

《搞深度学习框架的那帮人，不是疯子，就是骗子》这篇稿子发布后，遭遇了冰火两重天，号称见不多识不广的谭老师我，直接傻眼了。

一方面文章在 AI、计算机领域百余位专家的朋友圈疯传，我的微信那几天是爆炸状态。

有很多认识的人，疯狂地给我发截图。告诉我这篇文章如何在他们的朋友圈疯传。

一时间，我变成了一个朋友圈截图收集器，哇，好开心。

我看到很多知名人士的转发记录，以及知名人士的群聊记录。虽未结识，但久仰大名矣。

随后不久，一位叫谢育涛的专家致电我，他告诉我，沈向洋老师想让他代为转达，问我愿不愿意加入 IDEA，主要工作是写稿。IDEA 研究院就是鼎鼎大名的粤港澳大湾区数字经济研究院。谭老师实在水平有限。

虽然这篇文章登上了知乎的周热点，但是评论区翻车了。好一片挖苦讽刺谩骂嘲讽之声。我当时心想，一个人一定是干了什么丧尽天良的事，才配获此“殊荣”。甚至有人说，你不配写科技，你一个女的为什么不去写情感专栏。哇，这真是一个好建议，我怎么没有想到。

言归正传，难能可贵的专家的"批量"转发与部分知乎网友的"尖酸"评价，冰火之别说明了什么？

很有可能说明"吃瓜"群众对于AI系统的认知和真正的专家相比，其分裂程度可能比东非大裂谷还大。

话说回来，世界顶级大型计算机系统令顶尖架构师和开发者头疼，难道写这玩意儿的故事的人就不头疼了吗？做难事必有所得，头疼显然是值得的。因为这篇文章，很多知名专家来加微信，和我聊天。一些之前四年写稿攒下的专家资源也愿意把我推荐给"顶尖专家"。求之不得，感激不尽。一个月后，也就是2021年3月，我在杭州阿里巴巴，见到了一位叫杨红霞的顶级AI专家。

看见名字里的"红"字不要怀疑，没错，女科学家。那是一个春光明媚的晴天，湖蓝色玻璃映衬着阿里巴巴特有的橙色装饰，像跳动的钢琴键。远远望见超大的"淘公仔"站在建筑物外墙上咧着嘴笑。杨红霞博士朝我招手，我顺着半圆形的斜坡步行而上，也向她挥手回应。春草茵茵，行李箱轱辘哗哗作响。那次，我们聊的是一款叫作M6的AI大模型。那天，我们也畅谈了当时最火的AI大模型GPT-3。GPT-3在2020年6月10日发布，给中国玩家的触动很大。更直白些，中国AI科学家有压力。

阿里巴巴的会议室多得像森林里的树木，终于坐下，一张桌子，两杯咖啡。杨红霞博士扎着利落的马尾，额前干净，没有刘海，少量碎发。她说起话来，爽爽快快，普通话极为流利标准。她告诉我："我实话跟你说，为什么会回国？"她的答案真好，连标点符号里都流露出温柔的真诚与强烈的技术愿景，她说："我最喜欢的技术是从复杂的业务里抽象出来，用技术去解决实际问题。我不喜欢走反过来的路，假如走反过来的路，我可以选择去研究型的高校。所有人都要有一些耐心，没有耐心，永远只有单点的结果，很难去实现线和面。”

当天的独家专访的主要内容有以下几点。第一，如今的深度学习模型已经不能满足我们的更多要求了。说白了，可能这个算法模型刚出现的时候只能满足一些特别低的要求，慢慢地，我们会越来越接近通用 AI，要求的高度肯定越来越高。第二，阿里巴巴希望在一些很重要的核心方向上，尤其是在支撑 AI 的下一个阶段的技术和产品上，可以做到世界领先。第三，其他技术细节。可以看出，阿里巴巴很早就认得清下一代 AI 的价值，他们也很早出发了。谈话的最后，杨红霞博士请我品尝了阿里巴巴食堂的鸭血粉丝汤，挺好吃的。

夜幕降临淘宝城，我明白了中国的 AI 科学家们在思考：在下一代 AI 的浪潮当中，中国到底哪些技术可以作为世界第一？在与杨红霞博士面谈之后，我又和几位技术大佬聊过。贾扬清（原阿里巴巴技术副总裁），林伟（原微软硅谷研究院研究员，阿里云机器学习 PAI 平台负责人），曹政（原阿里云基础设施事业群资深技术专家），他们分别代表不同的三层：框架、平台和云基础设施。再算上杨红霞的模型算法团队。一个 AI 大模型汇集了如此多的大佬。可以看出，对于 AI 大模型，阿里投入的是整建制的团队，调动的不只是达摩院的力量。所以，才会有 M6 大模型的问世。这基本上是制造大模型的标准打法，多个团队“共建”一个模型。

我前后与多位 AI 顶级从业者长达几十小时的促膝长聊之后，清楚地理解，想做出 AI 大模型（那时候还没有 ChatGPT），仅靠一支算法团队远远不够。大模型团队是由几支分别擅长不同领域（AI算力、

AI 框架和 AI 平台）的技术团队合力而成。因为一些外力，我和杨红霞博士的故事就在这里戛然而止了，那次采访没有出稿。2023 年春节前后，我得知杨红霞博士已经去了今日头条。此后，所有人问起我关于她离职的消息，我都三缄其口。

我们聊回 ChatGPT 这类 AI 大模型。这么重要的特大工程，底层能不重要吗？需要解释一下，在互联网大厂，底层是共用的。阿里巴巴如此，华为、腾讯、百度，皆如此。底层软件的重要性无须多言，这里面有很多“置之死地，方可后生”的故事。我很激动地见证了AI 软件的故事“讲述”到今天，也期待中国软件能够走在“长期主义”的大道上。

回到 ChatGTP，AI 算力、AI 框架、AI 平台、AI 算法模型合力创造了 AI 大模型的成功。

某 AI 大佬曾谈到：“观察硬件和算力平台，如果没有某国的捣乱，整体而言，我们的硬件计算能力、计算量，以及就是说我们的一些底层的核心技术，比如说像高性能网络、高性能存储、异构计算，等等。在国际上，大家的能力拉平，大同小异，更多是在强调怎样用好这些资源。”在基建扎实的基础上，ChatGPT 这个“庞然大物”横空出世。AI 新基建的范畴在变大。一开始，GPT 系列大模型不是基建。2023 年，GPT-4 大模型已经是新基建的一部分了。在ChatGPT引领的这一产品架构下，应用和底层大模型的联动十分紧密。也就是说，大模型也是基建。

今天看来，AI 大模型可以被看作是电，我们要有自己的发电厂。接下来，无论是大玩意儿，还是小玩意儿，我们把大模型的应用玩起来，要起来，发展起来。某种意义上，AI 大模型的奇点已过，通用 AI 的火花闪烁。国内有多个团队争夺大模型的高地。万一追不上怎么办？那很有可能，一家独大，大家全挂。换句话说，假如美国OpenAI公司和微软公司赢家通吃，这里的赢家只有一家（一对），那会发生什么样的事情？这样的话，可能很大一堆产业只能最多成为依附在巨头API上的服务商。这可太糟了。好消息是，先进技术领先的时间窗口非常短暂。坏消息是，“赢家”的布局超级迅猛。这也反映出他们自知领先时间并不是那么多，也有很强的危机感。中国AI大模型创业者们在焦虑中临机制变。昔日我笔下的“骗子”已不知去向，而“疯子”在太阳升起的地方，沐浴着金色而悠远的晨光，再次出发，留给地平线崭新的背影。

在这六年里，我跟踪过许多微妙线索，与超过千余位从业者进行了谈话，有些人只和我简单说了两句；有些人则让谈话进行了数年。有机会见证历史一刻，可真激动。衷心感谢本书中提到的和未提到的专业人士拨冗与我交流。

“保持联系。”我在微信对话框里写道。

科技专栏作者，谭婧

目录

前传

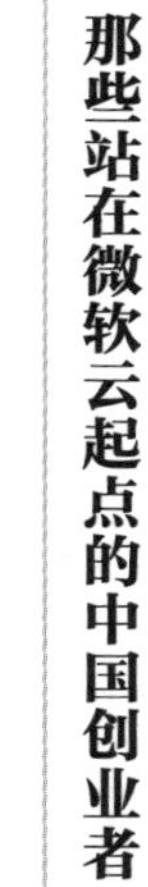

北极星

中国高性能计算机性能发展趋势（2003年起）

年份

数据治理

第 1 章

搞 AI 框架的那群人（一）：AI 框架简史

世间有一种软件，名叫“深度学习框架”。

人工智能的江湖，常听人言：得框架者，得天下。

多年以前，一面画着大 G 的大旗在高处飘扬，美国谷歌公司的深度学习框架占据大半江山。

万万没有想到，一场大风暴来了。

2018 年，脸书公司“同款”对标产品把一款前辈产品吸纳进来，联剑并肩，威力大增。一年后，火力全开，专拣敌人的罅隙进攻。连冲数剑，杀开一个缺口，有守有攻，看看就可闯出。

放眼学术圈，更是独领风骚，顶级学术会议的胜利快报像雪片一样飞来。

小心低头，王冠易掉，谷歌框架的王者时代，结束了。

历史总是吊诡，一些无名之处会发生极为有名的战役。战事残酷而隐秘，高深晦涩的技术仿佛咒语，牢牢挡住人们的视线。

美国白宫《2019 年国家人工智能研发战略规划》报告中，美国将中国视为人工智能主要对手，进行了深刻观察。“中国人工智能发展势头很猛。”这话猛一听，真让人高兴。后半句的反转，则是个打击："中国人工智能缺点亦十分明显，硬件、算法、人才……人工智能框架创新能力薄弱。"

"硬件""人才"……这题我会，这题我会，而"框架"是个啥？

假如人工智能深度学习是太平洋上的一个岛屿，算法是岛上茂盛的植被，框架和芯片则是地质结构，算法建在框架和芯片之上。

深度学习框架，头顶光环亮闪闪，其中一个是基础软件。几乎所有的深度学习开发者，都要用到深度学习框架。几乎所有的深度学习算法和应用，都是用其实现的。作为一种复杂基础软件，有这样一条原则：极少数人"造"轮子，大部分人"用"轮子。

框架研发门槛高不可攀，本质上，这类产品是大型科技企业才"配"拥有的基础设施，小门小户造不起。

多说一句，打败围棋大师李世石的人工智能阿法狗（AlphaGo）听过吧，框架也是其背后的底层技术。谷歌科学家的傲骄表示是："我们让阿法狗更顺畅"。

1 上半场：美国科技大厂的豪门恩怨

简单地说，深度学习框架＝深度学习操作系统。世间最流行的两个深度学习框架，谷歌公司的 TensorFlow 和脸书公司的 PyTorch。

开发者压力很大，需要"精通"这两个，或至少"熟练"其中一个，甚至，"辅修"第三个框架，"选修"第四个。

谷歌与脸书，作为美国科技企业，其框架产品的流行度，像极了可口可乐和百事可乐。"快乐肥宅水"统治世界，兵家必争之地必属枭雄。大型科技企业想尽一切办法取得技术上的领先优势，深度学习框架不会错过，也无法绕过。算法突破、数据爆发、算力增长的“铁人三项”支撑了 AI 的浪潮，唯一能将“铁人”整合的系统软件，是深度学习框架。

它好比底座，对下，完成对底层硬件的调度；对上，支持模型搭建。

人工智能的一堆新算法：人脸识别、图像分类、图像检测与分割、语音识别、广告推荐、GAN、强化学习，等等，被封装在软件框架里。封装，不是封印。孙悟空冲着框架大喊：“人工智能，叫你一声，敢答应吗？”

Siri 操着一口浓郁的机械女声冷静回答：“穿豹纹超短裙的那位，你有事找我？”

一般来说，只有超大型科技企业才能支撑“操作系统”的开发。深度学习的“操作系统”萌芽于高等学府，但早期工业雏形出现在美国科技豪门，是大公司竞争的舞台，也是全球计算机技术精英群体最精锐部队的角逐。

使用全国通用感叹词：“哇，深度学习框架是硬科技。”

把全球 AI 顶级精英俱乐部的会员分成两类：一类是原创 AI 算法的发明者，一类是 AI 框架的发明者。后一类是本书的重点。请大家记住这些名字，因为这些“精神小伙”，对深度学习框架的发展至关重要。

现任阿里巴巴技术副总裁贾扬清，浙江绍兴人，从初中三年级开始接触计算机，他一直觉得自己学编程挺晚的。2002 年是他高考那一年，浙江省是高考界的领跑者，清华大学计算机系的分数线很高，他去了清华自动化系。

在科学界，瑞士是物理和数学领域的领跑者。也是在 2002 年，瑞士戴尔莫尔感知人工智能（Idiap）研究所诞生了第一个机器学习库 Torch。

欧洲最高山脉阿尔卑斯山的雪顶千年不化，山脚下的瑞士名城马蒂尼（Martigny），既是登山爱好者的天堂，又是葡萄酒产区。这是个做学术的好地方，自 1991 年以来，这里的研究所就是全球人工智能和认知智能领域的领导者之一。

机器学习库 Torch，出自“葡萄酒产区”研究所的一份研究报告（三位作者分别是：Ronan Collobert、Samy Bengio、Johnny Mari é thoz）。

其中一位作者姓本吉奥（Bengio），没错，这位眉毛粗粗的科学家，就是深度学习三巨头之一，约舒亚·本吉奥（Yoshua Bengio）的兄弟。2007 年他跳槽去了谷歌。Torch 意为火把，成为框架旷野的第一粒火种。“库”（Library）是一系列事先编写好的代码集合，在编程中调用，可以减少重复工作。加拿大蒙特利尔大学的深度学习框架的开发，始于 2007 年，Theano 是行业祖师爷。框架和图灵奖获得者颇有渊源，约舒亚·本吉奥（Yoshua Bengio）和伊恩·古德费洛（Ian Goodfellow）都有参与 Theano。库和框架的不同之处，在于境界。

库是兵器库，框架则是一套武林绝学的世界观，程序员在这个世界观的约束下去编程序，结果被框架所调用。

框架接管了程序的主控制流。

反正，框架比库厉害多了。

有了框架，才能做到只关注算法的原理和逻辑，不用去费事搞定底层系统、工程的事。

转眼间，贾扬清已经在美国加州大学伯克利分校攻读博士学位。也是在此期间，他开启了计算机视觉的相关研究。

那时候的他常被一个问题困扰：怎样训练和设计深度学习的网络？

为此，贾扬清想造一个通用工具。著名的 Caffe 框架的发音和“咖啡”相似，是“快速特征提取的卷积框架”论文的英文简称。巧合的是，这个框架像咖啡一样流行。这是贾扬清第一个 C++ 项目，多年以后，他在阿里巴巴回忆：“最开始的时候没有测试，代码纠错（Debug）成了最痛苦的事。”2013 年的 Caffe 框架是他的成名之作。在工业场景的计算机视觉系统上，Caffe 稳健快速，是无可争议的王者。

这一年，Parameter Server（参数服务器）的两位著名教授走向台前，邢波（Eric Xing）教授和 Alex Smola 教授，现在两位均在美国卡内基梅隆大学（CMU）任教。

参数服务器是个编程框架，也支持其他 AI 算法，对深度学习框架有重要影响。高校实验室善于技术创新，深度学习框架的很多精髓创意源于此地。但是，深度学习框架复杂性高、工程量极大，长期负责复杂产品，高校并不擅长。事实也证明，多年后，高校出生的深度学习框架，都以某种方式“进入”企业，或者被企业赶超了。嗅觉敏锐者，业已出发。

2015 年 11 月，TensorFlow 开源，由谷歌大脑团队开发。谷歌的搜索、YouTube、广告、地图、街景和翻译的背后，都有其身影。

谷歌开源 AI 产品备受瞩目。若论起名的原因，TensorFlow 直译，张量（tensor）在图中流动（flow）。由此也可获知，数据流图是框架的重要技术。

再往细说，数据流图由算子组成，算子又分为大算子和小算子。

Caffe 是大算子抽象，TensorFlow 是小算子抽象。小算子的好处是灵活，坏处是性能优化难。TensorFlow 的原创者之一是谷歌天才科学家，杰夫・迪恩（Jeff Dean）。为什么说他是天才？赞美之词就免了。在 2000 年下半年的时候，Jeff Dean 的代码速度突然激增了 40 倍，原因是他把自己的键盘升级到了 USB 2.0。

编译器从来不会给 Jeff Dean 警告，但 Jeff Dean 会警告编译器。“亲爱的数据”承认，这确实是个段子，出处无考。2015 年是一个重要的年份，何恺明等人的研究成果，突破了边界，在准确率上再创新高，风头一时无二。

谷歌 AI 研究员弗朗索瓦·乔莱特（Francois Chollet）几乎是独自完成了著名的 Keras 框架的开发，为谷歌再添一条护城河，大有“千秋万代，一统江湖”的势头。

这时候，扯开喉咙喊一嗓子：“深度学习是下一个重大技术趋势”，已经没有压倒性的反对意见了。

美国西雅图，素有“阿拉斯加门户”之称，微软公司总部位于西雅图卫星城，从那里开车 13 个小时就能到达谷歌公司总部所在地山景城。

在 AI 的跑道上，很多人在追赶谷歌，但是，微软既没有好车，也没有弯道，压力大了，方向盘也能捏碎。

按理说，背靠微软的产品本应有个好前途，框架却都没有流行起来。英文单词 Minerva 的意思是“智慧女神”，这是微软亚洲研究院一个孵化项目的名字，由当时的副院长张峥发起，项目组成员有纽约大学王敏捷和北京大学肖天骏。现在张峥在亚马逊上海 AI 研究院做院长。两名大将也随之前往，现在均是张院长麾下主力。

后来，就没有后来了。开源（GitHub）给女神画上了句号。2016 年，从先后关系上讲，CNTK（Cognitive Toolkit）伸手接过女神的接力棒，可惜魔障难消，用的人少，没有推广开，于 2019 年停止维护。

GitHub 上的悼词是：“在这个版本之后，没有新功能开发的计划。”这意味着，微软已经放弃了 CNTK。两次前车之鉴，微软仍没有认输的打算。因为深知框架的重要性，也因为微软的电脑里，绝不会长期使用贴着别人家 Logo 的 AI 工具。

2016 年，贾扬清从谷歌 TensorFlow 团队离职，跳槽到了脸书公司。与谷歌挥手道别，四载光阴（实习两年，工作两年），往事依稀，他的内心充满感怀。西雅图作为美国的超一线城市，华盛顿大学是城市招牌之一，华人武术宗师李小龙就毕业于此。“天才少年”陈天奇也在这里取得了计算机博士学位。

陈天奇在 AI 圈的名气，不比李小龙在武术界低，且都是少年成名。陈天奇读博士的第二年，一个叫作 MXNet 的项目开始了，这是一个名牌大学联合学术项目。仅仅一年时间，这个项目就做出了完整的架构。团队中还有一位闻名遐迩的大神，李沐（现任亚马逊公司资深主任科学家，principal scientist）。

2016 年 5 月，MXNet 开源，浓缩了当时的精华，合并了几个原来有的项目，陈天奇 cxxnet、参数服务器、智慧女神、颜水成学生林敏的 purine2。所以，MXNet，读作“mixnet”，mix 是中文“混合”之意。

可巧了，从华盛顿大学到亚马逊公司全球总部不到 6 公里，开车只消 10 分钟。总部大楼抱着两个“温室大球”坐落于市中心。可能是近水楼台先得月，这次亚马逊公司火眼金睛，行动迅速。2017 年 9 月，MXNet 被亚马逊选为官方开源平台。

江山代有才人出，该退休时就退休。同一年，祖师爷 Theano 官宣退休。这时候，贾扬清借鉴谷歌 TensorFlow 框架里面的一些新思想，实现了一个全新的开源 Caffe2。三十而立的他，成长为遍历世界级产品的第一高手。

谷歌 TensorFlow 在人间潇洒走一回。未曾想一场大风暴正在酝酿。2018 年，PyTorch 接纳 Caffe2 后，意外崛起，上演令谷歌框架王冠落地的戏剧性一幕。易用性确实可以抢客户，但谷歌没有想到脸书抢了这么多。后来者确实可以居上，但谷歌没有想到脸书仅用如此短的时间。

改旗易帜，有人哗然，有人唏嘘。谷歌出发最早，为何没有独坐钓鱼台？为什么是脸书抢了市场？

谷歌野心非常大，初期想做很大很全的工具。虽然完备性很强，但是，系统过度复杂。虽然以底层操作为主，有很多基础的功能，但是这些功能没能封装得很好，需要开发者自己解决（定义），手动工作过多。

三个AI开发者凑在一桌，花生配酒，吐槽谷歌TensorFlow，十有八九。

甲有点激动，说："实在太难用了，想骂脏话。"

乙表示赞同，说："简直就是一个缝合怪。""一座屎山，还要往屎上堆屎。"丙说完，深埋头，叹口气。

虽然TensorFlow可直接使用天下排名第一又易上手的Python语言来编写程序，算子库丰富，TPU加速，但是，一些个性化规定琐碎，新概念层出不穷，开发者要视其为一种新的编程语言来学习。

再者，系统非常复杂，代码又长又臭，难以维护。更糟的是，API很不稳定，易变脸。API好比电脑键盘，键盘上的字母位置天天变，谁受得了？你想要一个活着的祖宗吗？仅仅是丢市场还不够惨，PyTorch框架带火了背后的技术（动态执行等），脸书开始左右技术趋势。

谷歌仰天长啸，潸然泪下，口中默念："万万没有想到。"命运像水车的轮子一样旋转，有时高，有时低，而亚马逊公司的MXNet从来没高过。知乎上有两篇非常火的高赞帖，可一窥其端倪：李沐：《为什么强大的MXNet一直火不起来？》，贾扬清：《如何看待亚马逊AI李沐团队大批人员离职？》。

谈起亚马逊和MXNet框架的缘分，就不得不提起一位美国CMU

的高人，Alex Smola教授，他也是李沐在CMU的博士导师。2016年7月，Alex Smola 教授从 CMU 重返工业界，加入亚马逊云（AWS）担任副总裁级别的科学家（职级为 Distinguished Scientist）。

大半年后，2017 年 3 月，李沐加入 AWS，直接向老师 Alex Smola 汇报。师徒同框，双手比 V。此时，巨头已整装列位，兵马齐发。微软岂能袖手旁观，微软在智慧女神和 CNTK 两次滑铁卢之后，依然斗志昂扬准备第三次入局。

这次，微软思路清奇地设计了 ONNX（全称 Open Neural Network Exchange），一种开放式深度学习神经网络模型的格式，用于统一模型格式标准。

ONNX 是脸书和微软合作力推的，贾扬清也是发起者之一，目标剑指“标准和生态”。说白了，一个 PyTorch 模型可以被导出 ONNX 文件格式的模型。

不止于此，随后，微软基于 ONNX 这个桥梁研发了一个推理用的 ONNX Runtime 框架，低调地在 2018 年最后一个月开源。想做“标准”，得大家伙都同意。

ONNX 没成为标准，若论原因，可能是 ONNX 还做得不够好吧。ONNX Runtime 框架的“新功能”暴露了巨头之间的动态竞争关系。

这一次，微软站队脸书，给 PyTorch 机器学习库做了几个 “好用的部件”。若论其中一个原因，可能是微软和脸书没有云上的竞争关系，这几年脸书公司的定位依然还是互联网公司，没有发展云计算。

亚马逊云（AWS）、谷歌云、微软云则斗红了眼。第三次进军框架，微软的策略是，强攻不下，组队打怪。若有一日，ONNX Runtime 框架有希望挑战 PyTorch 框架，肯定调转火力，支持自家。

真正的竞争激烈，不是玩家多，而是高手多。短短几年之内，几座技术巅峰，拔地而起，各有各的精绝。其一，谷歌和亚马逊是计算图的拥趸。两者都以更高的、令人赞叹的工业级工程质量把计算图抽象推向新高度，把表达能力推向新的里程碑。

其二，脸书公司在计算过程中没有计算图的概念。但在解决易用性上，超常发挥。谷歌皇冠跌落，给后来者“跌出”希望，留给中国队的时间不多了。

2 下半场：中国队的出征

2014年的某一天，北京海淀区丹棱街5号接待了一位特殊的客人。

这位来自美国CMU的教授，名叫邢波，此时任微软亚洲研究院顾问一职，他擅长的领域包括大规模计算系统。他也是AI科学家俱乐部的顶级大佬。

恰在此时，微软亚洲研究院副院长马维英（现任清华大学智能产业研究院讲席教授、首席科学家）找到一位研究员，名叫袁进辉，他是清华大学计算机专业的博士，曾师从张钹院士。

知识使人年轻，很多科学家，年逾不惑，双肩包+步行，背影仍像学生。而袁进辉却恰恰相反。他笑容内敛谦和，头发花白，像是在校园里散步的退休教授。

其实他是1981年的。

马维英副院长和袁进辉谈起，谷歌较先起步，已将大规模主题模型的训练系统技术，应用到谷歌广告系统和推荐系统的关键组件中。邢波教授近期既然到访北京，那不妨合作。

于是，邢波教授团队和袁进辉团队双剑合璧。这场合作的成果，被表扬了。主管全球研究院的微软副总裁周以真女士评之为该年度看到的最令人激动的成果，不过这是后话。那时候的动力，一方面来源于超过谷歌，直道超，没有弯道；另一方面，业界有多位知名科学家和资深工程师，已经在同一问题上酝酿已久。难度可想而知，条件却捉襟见肘。没有可供使用的集群，没有工程师团队的支持。

按打游戏的说法，微软想上分，那就要看一下配置。推算一下可知，即使是当时最先进的算法，在当时的硬件环境中训练目标规模的模型，至少要半年时间。

再看一下，双方阵容。提起邢波教授的团队，恐怕 AI 学术圈无人不知，其本人位列论文发表贡献第一（2018 年），其学生很多已是名校教授，每年发表的论文数量，源源不断地为 CMU 名列全球大学计算机科学与人工智能的排名第一“贡献力量”。

“微软代表队”是袁进辉研究员，还有一个实习生高飞。这个条件，这个目标，众人看了只想眯眼说“呵呵”。美国宾州匹茨堡和中国北京，时差十几个小时。

袁进辉后来回忆：在一年多的时间里，每天邮件不断，每周好几次电话会议，技术难题不讨论透彻不罢休。

只要足够“幸运”，就会在错误的道路上迅速挨揍，只要高手够多，不足之处就不会被放过……马维英和刘铁岩两位大佬，羽扇纶巾，运筹帷幄。项目结束的时候，2014 年已近尾声。大家伙的心声是：“缺少任何一个人，结果都不是大家看到的样子。”

那一次，袁进辉为破坏式创新的威力窒息。这次合作，成果是 LightLDA。它的算法结果是一流的，系统实现是一流的，仅用数十台服务器，完成之前成千上万台服务器才能做的事，所以得到周以真女士的高度评价。知乎网友评价："要我说，LightLDA 那是真的正经贡献，又聪明，又解决关键问题，又真干活，正经把 Topic Modeling（主题模型）在大数据时代的潜力大大地提高了。"

当时，北京大学计算机科学技术系网络与信息系统研究所，研究分布式系统的肖臻教授也给予 LightLDA 相当的肯定。

这事，被肖臻的学生以敬仰袁进辉大神事迹的口吻在知乎讲过。

而今复盘，大势的端倪当年早已显露，那些大数据、大模型、大型计算架构设计需求与探索呼之欲出。

而这个领域的学者，普遍迟迟在 2018 年才意识到这个问题的重要性。微软亚洲研究院不愧为 AI 黄埔军校，技术前瞻性极强。

而复杂基础软件的成功，不是仅靠"单刀赴会"。

大公司必胜，那是夸海口。

大公司必争，才是真灵验。

百度大厦和百度科技园坐标北京西北区域的西二旗。技术大牛背景的李彦宏，牵着搜索入口的"现金牛"，依着"牛脾气"治理百度，他曾经看不上云计算，这倒让阿里巴巴笑了。

看不上云计算的技术大佬不止一位，自由开源软件 GNU/Linux 的鼻祖理查德·斯托曼（Richard Stallman）也多次在公开场合"怼"云计算。

巧合的是，他俩观点出奇地一致：云计算不是技术创新，而是一种商业模式创新。

李彦宏睥睨云计算，却对人工智能情有独钟。

百度深度学习研究院（IDL）在人工智能的江湖里，是桃源仙境般的存在，处处大神，遍地高手。高水平科学家、研究人员、工程师密度之大，令人惊叹，感觉连保安都要会编程才配在门口刷工作证。

昔日盛景，已成绝响。

时间拉回到 2013 年，百度第一位 T11 徐伟，同时也是百度深度学习框架 PaddlePaddle 的原创者和奠基人。每一家科技巨头的深度学习框架的首位指挥官，均非等闲之辈。徐伟也是脸书早期研究员，脸书产品矩阵丰富，他负责大规模推荐平台，在多个产品背后显神功。可能是有法律文件约束，百度大神科学家的离职，大多不公开原因。

徐伟离职加盟地平线，他将手中的接力棒交给了另一位神级技术大牛，“撸码”一绝的王益。见过王益的人会说一个词，“聪明绝顶”，重音在后面两个字上。

王益在知乎谦虚地自称“四十岁老程序员”，言谈之间一副老技术专家的低调本色。他在加入百度之前曾任谷歌研究员，是少见的“APAC 创新奖”获得者（参与开发一个分布式机器学习的工具）。王益是清华大学机器学习和人工智能博士，师从清华大学周立柱教授。有一次在知乎分享程序员成长经验时，他轻描淡写地说了一句：“我有一位恩师，徐伟。”

细节总是让人容易忽略，早年，王益曾向徐伟抱怨：“某某团队好像就是想用他们自己研发的工具，不用 PaddlePaddle？”后来，王益在回复一位网友跟帖时解释当时这一问题存在的合理性：“设计 PaddlePaddle 是技术换代的时候，步子大，当时来不及优化用户体验，不愿意用确实有道理。离开后，后来人持续优化了体验。内部组织结构调整也促进了新技术的接纳。”“亲爱的数据”独家消息：“百度内部曾经有两个类似的产品，最后敲定 PaddlePaddle 的人，是陆奇。”

百度最早出发，生态建设也最早起步。2017 年年末，百度市场部的朋友找作者交流，给 PaddlePaddle 出谋划策。那时候，开源框架的运营和推广已经全面拉开：北航软件学院的教材出版、顶级学术会议模型复现、高校宣讲……

据说，陆奇离职前，仍然紧盯 PaddlePaddle 的进展。

一山行尽，一山青。框架的玩家，不止科技大厂。

人工智能独角兽旷视科技是从 2014 年起内部开始研发框架的。在 2021 年的采访中，旷视天元的负责人田忠博说："原因很简单，仅以当时的开源框架，没有办法真正做好科研，才会有自己做深度学习框架的想法。"举一例，就能说明问题。旷视科技有一篇 ShuffleNet 的学术论文，仅用 Caffe 提供的"工具"，永远也探索不到 ShuffleNet 这件事情的可能性。由此看来，旷视科技早已参悟，研究和工程的共振，离不开强大框架的支持。百度 PaddlePaddle 开源的时间点是在 2016 年 8 月。现在看来，这是历史性的一刻，尤其在中美摩擦的历史背景下回看，更不敢皱眉设想，一旦美国忌惮中国的人工智能发展势头，把深度学习框架彻底掐死。

百度的出征，代表着中国队上场了，标志着中国科技企业参与到人工智能最残酷的战役之中。2017 年，AI 盛极一时，独角兽频现，融资快讯爆炸。而 PaddlePaddle 作为国内唯一的开源深度学习框架，此后两年多，都是孤家寡人。

2018 年 7 月，百度成立深度学习技术平台部，由 2011 年就入职百度的马艳军总负责。毕竟是国产框架，2019 年，百度 PaddlePaddle 有了中文名，叫"飞桨"。国外产品连个中文名都懒得起。零的突破之后，新问题是，"用工业级的质量，把创新在框架上实现出来"。2019 年 2 月，一流科技获得千万级 Pre-A 轮投资，袁进辉是创始人兼 CEO。此事之后，才有些小道消息传出，早在 2017 年初，快手创始人宿华就投了一流科技，天使轮。

"小伙子睡凉炕，全凭火力壮。"一家只有几十人团队的初创公司也来做复杂基础软件。投资人一脸懵地进来，一脸懵地离开。谁都会挑用起来顺手的锤子。框架在一家公司内部很难统一。

百度内部“军令如山”，必须统一使用飞桨。

旷视科技内部可以用任何开源框架，员工中自发使用天元框架者居多。

微软亚洲研究院的情况是：很多工程实现是实习生完成的，干活时会让同学们继续用熟悉的框架干活，很难强行统一用 CNTK。

互联网科技公司大多是软件起家，华为不是。

不惧过往，不畏将来。曾经干啥不重要，现在能打就行。所以，华为要拿出来单聊。

华为在开源软件世界里，一言难尽。

华为 MindSpore 的行动颇为迅速，可惜，在群众情绪上，被鸿蒙拖了后腿。2018 年 10 月 10 日，上海。华为全联接大会上，AI 战略与全栈全场景 AI 解决方案。这是华为高层首次提起 MindSpore 这件事。

2019 年，10 月 15 日，14 点 02 分，王益在网上突然发帖问了一句，这“开源框架”什么时候开源啊？

按工作流程，华为 MindSpore 官方进驻知乎，先发了一个“Read me 文档”（翻译为“阅读指南文件”）。结果，人在家中坐，祸从天上来，很多人误以为“开源”只有“Read me”而已，热度直接飞起。最息事宁人的评论：“沸腾就完事了，想那么多干嘛。”最佳画面感评论：“站在马里亚纳海沟里挥舞道德的内裤。”神评论：“按揭开源。”网友的才华，从手机屏幕里喷出来。

哪怕华为员工看到这些评论，也笑出了猪叫，细一想，要克制，便在暗地里捂嘴笑。一位老牌厂商高管在采访时说道：“华为不了解生态系统对软件的影响。这就是为什么他们在发布手机操作系统时，没有考虑如何构建生态系统。”这一评价，一针扎在要害上。外国框架并不成熟，也不完美，这也是国产框架参战的部分原因。有人发问：“为什么要再做一个框架？”华为内部也有人扪心自问：“MindSpore 解决的特色问题到底是什么？”

可能是 2020 年正式开源前夕，可能是华为中央软件院总架构师金雪锋博士、算法科学家于璠博士、开源社区运营团队负责人黄之鹏等人第一次“齐聚”会议室，可能是一场“元老会”。

在华为内部组织结构中，MindSpore 属于昇腾产品团队，也归属于计算产品线。也许能从 MindSpore 的中文名“昇思”中能找到蛛丝马迹。这是一个和华为“小云”同级别的业务部门。

“亲爱的数据”独家消息，MindSpore 在内部也是要承接业务部门需求的。

MindSpore 再早之前的研发时间线不得而知，因为“事关”华为最敏感的“芯片”。

细细翻阅三位科学家的公开观点［第一位，华为 MindSpore 首席架构师金雪锋博士。第二位，一流科技创始人袁进辉博士。第三位，谷歌公司 Waymo 自动驾驶汽车感知和规划任务机器学习平台资深研发工程师、阿帕奇基金会 MXNet 项目委员会委员、Horovod（是 Uber 开源的一个深度学习工具）技术委员会委员袁林博士］，他们共同认为：“市场需求没有很好地满足，技术没有收敛，创新还有空间。”国外框架出发时，广阔天地，大有可为，国产框架正好相反。好摘的果实都已被摘走，只剩高高树顶上的，还有那零散摔落在地的。国货当自强，同情分不要也罢。

国产深度学习框架的建设者，藏好后退的发际线，在时代的噪音里，纵身一跃。2020 年，国产深度学习框架井喷。3 月 20 日，清华大学计图（Jittor），3 月 25 日，旷视科技天元（MegEngine），3 月 28 日，华为 MindSpore，7 月 31 日，一流科技 OneFlow，四家国产，同期开源。五家国产，旌旗列阵。这一年最有可能被追认为国产深度学习框架的“元年”。

守旧的经验是，既然国外开源了，就抓紧学。既然人家成了事实工业标准，就尽力参与。总是慢了好几拍，Linux 这轮就是这样。

引用某游戏厂商的经典台词是：“别催了，在抄了，在抄了。”

可惜竞争从来不是游戏。深度学习框架的台词是：“不能照抄，不能‘舔狗’，‘舔’到最后，一无所有。”2020 年，国产框架在技术上不是单纯的跟随者角色了，也有很多创新可圈可点。飞桨作为国内最早的开源框架，模型库是最丰富的。以模型库的形式沉淀成深度学习框架生态的一部分，生态也起步早。

古人云：“不谋全局者，不足以谋一域”。可以观察到，华为剑指全栈 AI 战略，投入非常大。硬件算子库、基础软件、平台、产业基金、联合项目、标准、论文专利、人才，几乎所有的地方都发狠力。

“亲爱的数据”独家消息：“大厂发展深度学习框架一定不是为了卖钱，而为了发展生态。华为发展深度学习框架，一方面是自主可控，一方面是坚定地发展 AI 全栈能力。“MindSpore 并没有拘泥于自家的芯片，不能仅仅视为一款产品，而是战略级的平台，这是明确公开说的。”翻看所有的宣传稿件，不难总结出，华为有全场景，端边云协同，比如，华为自己有手机业务，方便对硬件做指令级优化。

但是，华为做的远不止这些。

第一，在拿 MindSpore 为抓手，来解决深度学习之外的、以前在超算领域关注的一些计算任务（科学计算）。其他框架虽然也有这个目标，但华为想到了，也做到了。第二，AI 有个公开的槽点，即被黑盒问题所累。然而，牵扯到 AI 安全的问题，既基础，又前沿，搞的人少，困难多。对于基础软件来说，又格外重要。华为金雪锋博士有一个表述："按 DARPA（美国国防部先进研究项目局）的说法，可解释 AI 的目的，就是要解决用户面对模型黑盒遇到的问题，从而实现：用户知道 AI 系统为什么这样做，也知道 AI 系统为什么不这样做，用户知道 AI 系统为什么做错了。这个问题被华为关注，无疑提高了国产框架段位。你在研究拳法，我在研究拳法背后的哲学根基。"

华为 MindSpore 开源后，很多质疑的声音消失了，酝酿了半天的道德制高点没有骂出来，憋得怪难受。

世间万事，有些批评，该接受就虚心接受，不是外人，都能过去。

3 如何竞争？

滔滔江水，浪奔浪涌，摩尔定律却日渐消失于地表。需要在硬件层面对 AI 进行优化浮出水面，因为在微观层面的编译器优化，需要和硬件厂商合作。这是华为的独家优势。在所有框架公司里，唯独华为有芯片。

官宣用语："用昇腾 +MindSpore，构建华为数字底座"。华为被特朗普轰炸了几轮，印象十分深刻。在独家硬件的加持下，MindSpore 的名场面是，有开发者感受到"快到飞起"的兴奋。这也不是唯一的路，因为深度学习编译器也登上了舞台。巧不巧，这又是一个底层技术。

所以说，深度学习框架门槛高不可攀，算法、底层硬件、操作系统、分布式系统、编译器，一个都不能少。TVM 编译器在 2017 年开源，能够在任何硬件后端上有效优化和运行计算，可作为框架的后端。

学术方面，进展也迅速，比如“如何利用 TVM 直接参与硬件设计过程的迭代，使得加速器设计在一开始的时候就可以直接获得软件的支持和目标的具体反馈”。TVM 的背后是陈天奇团队，与其竞争的还是“老熟人”，谷歌（MLIR）。国产框架，一时间呈万箭齐发之势。创业公司代表队唯一的队员，一流科技袁进辉博士则放出豪言：“要做出世界上速度最快的。”

AI 科学家的豪言壮语，比起罗永浩的那句“收购不可避免走向衰落的苹果公司，并复兴它”，也没克制。

天下武功唯快不破。

他认为，第一，在分布式深度学习里，计算仅仅是一个方面，多个 GPU 上任务的协同需要频繁地把数据在 GPU 之间传来传去。数据在数据流图里行走（Flow），想走得快，算得快，吞吐量得大，得将数据通信也设计成数据流图的一部分，不能让传输成了瓶颈。

第二，哪里需要数据通信，需要什么形式的数据进行通信，都要开发者去编程实现，这很麻烦，框架应该自动实现。

袁进辉博士的总结是：“OneFlow 有两个创新点：一会自动安排数据通信；二把数据通信和计算的关系协调好，让整体效率更高。”2020 年，多节点和多设备的训练成为深度学习的主流，这一趋势符合袁进辉创业之初的判断，而这一思路可追溯到 2014 年他在微软亚洲研究院的思考。袁进辉团队的短板明显存在，AI 研发投入“壕无人性”，直白一点：创业公司穷。不过，2021 年春节前，高瓴创投独家领投一流科技 A 轮融资，总额 5000 万元人民币。框架，A 面是各有特色，B 面是什么呢？答案是，大规模。

虽然硬件和软件的进步已经将每年的训练成本降低了 37%，但是，AI 模型越来越大，以每年 10 倍的速度增长。AI 模型就像宇宙飞船飞向太空最远处，正在探索能力的边界，拓展人类的想象力。

大模型，跑步前进，工业级实现，拔腿直追。

迈入大模型训练时代，要求深度学习框架能够在面临数百台、数千台计算机的庞大规模时，有效地进行训练。比如，对于单个设备或多个设备数据并行这种简单场景的支持已经足够优秀，但在模型更大或者神经网络拓扑更复杂时，通用框架的易用性和效率都大打折扣，有这种需求的工业级应用只好下血本研发定制方案。

大规模训练是当前各厂商竞争的一个焦点，谁输谁赢仍有变数。但可以肯定的是，只待“百团大战”的第一枪打响后，就是全方位的比拼（易用性，完备性，高效性）。坏消息是，国产在市场和生态上与美国巨头依然有很大的距离。

好消息是，这不是一个完全被动的局面。甚至，国产框架的竞争也在细分，分化出局部战役。框架分为训练和推理两部分，训练框架难度大，推理框架次之。

华为推理框架已经做到了生产级别，交付到了华为手机上。在手机巨头厂商中，框架的玩法，各不相同。

都知道，苹果机器学习框架 CoreML 的代码是高度商业秘密。巨头的动作出其不意地整齐划一，端侧深度学习推理框架，BAT 已经全部出手。百度 Paddle Lite、阿里巴巴 mnn、腾讯 ncnn、华为移动端推理框架 Bolt（华为诺亚方舟实验室开源）、OPEN AI LAB 的边缘 AI 推理框架 Tengine ，甚至连小米也有，MACE。单论技术难度，这些同类产品比深度学习框架低很多，但也各怀绝技，各有千秋。深度学习框架的战场上，全行业最拔尖的团队悉数上场。

4 开源也竞争

做基础软件，一要决心，二要耐心，三要开源，因为是大投入、长周期、抢生态。关于开源与生态，“亲爱的数据”最想采访的是美国硅谷创投圈资深人士，思科云计算事业部研发老大徐皞。多次联系，终于得到他的回复：“生态系统对操作系统而言，比操作系统本身更重要更难发展。这个道理很简单：操作系统可以雇几百个人写出来，生态需要恳求几万、几十万、上百万的人去写应用才算数。对手机、电脑而言，多数用户是为应用买单，而不是为操作系统买单；对框架而言，多数用户是为能不能快速解决商业问题而买单。”

开源是一个隐秘的角落，“大教堂与集市”的比喻口口相告，代代相传，是开发者眼中独一无二的圣地，挤满了来自全世界贡献与分享的热情，胸前佩戴“开源项目主要贡献者”的奖章，是江湖地位的象征。曾几何时，开源软件是对抗大公司的侠者。

而如今，大公司却对开源软件越来越青睐。巨头对开源的投入，其背后是生态，是为了占领市场。开源软件的开发，不再是开发者之间松散的合作。

开源软件公司进行了更多主导，开源软件的开发效率和质量都有所提升。开源的“不竞争”是另一种形式的竞争。眼下这几年，开源商业模式有变。徐皞认为：“开源软件真正兴盛，真正有突破，也就是五到十年的事情，开源软件商业模式依然在非常早期。”开源软件的背后是竞争，是研发与工程的投入，不投入，怎么占领。

Linux 有很多家的贡献，但安卓代码 1200 万行，全部是谷歌工程师自己写的。

看看美国公司对开源市场的投入力度，中国公司不能落后，更应该主动投入，占据，甚至主导。开源和闭源，隔山两相望，且看那密密麻麻的布防，哪个山头都有重兵。

开源软件世界里，框架虽为一隅，却极尽奇观。最好的思想，最好的代码都悉数拿了出来。这是分享，也是一种较量。

前美国国防部咨询顾问，史蒂夫·马奎斯的说法是："开源项目，来源于最纯粹的竞争。如果一个开源项目在商业世界获得了成功，那决不会是出于侥幸，决不会是因为其他竞争者恰好被规章制度所累、被知识产权法约束、被人傻钱多的金主拖垮。一个开源项目胜出了，背后只会有一个原因——它真的比其他竞争者都要好。"有借有还，再借不难。"借用思路"是爽了，但又诱发更深层次的竞争。

上帝说，要有光。特斯拉说，要有电。开源说，要有代码。若问深度学习框架将带来什么，得想清楚深度学习的未来在哪儿。

听说过深度学习又被称为软件 2.0 吗？作为数据驱动范式的顶峰，从数据里自动推导出程序，而不是必须靠程序员绞尽脑汁手动书写程序，这是一个划时代的进步。深度学习可能从一个小小岛屿，演进成一个大陆板块。在接下来的十年，深度学习软件有机会变成每个软件工程师"医药箱"里的必备"药丸"。人类最重要的计算机软件将由其创造，自动驾驶、药物发现……开源软件的玩法自由奔放，但也有公地悲剧。深度学习框架是一款理解成本很高的软件，群众基础薄弱。于是，有人用"AI 平台"一词，胡乱指代，张冠李戴，故意混淆，真令人作呕……有决心，就有私心，有疯子，就有骗子。

时间总能给出答案。

前人云，按经济学的规律办事。大约两百多年前，英国经济学家杰文斯指出，技术成本降低，将提升技术的普及度，从而扩大市场规模。起初，戴着大粗金链子，说错了，戴着领结的大英煤老板十分担心，掐指一算：第一次工业革命让蒸汽机效率提升，每台用煤量减少，总的用煤量会下降，生意要下滑。结果事实正相反，用煤量大幅增加，好开心呀，因为蒸汽机使用成本降低了，使得蒸汽机用得更广泛了。框架的道理也一样，降低了研发人力成本，降低了计算资源成本，带动市场规模扩大。两百年后的今天，人工智能深度学习算法的大火，创造了算法软件包史无前例的机会，软件开发中的标准化就是把每个人都要干的活统一起来，成为工业化的环节。深度学习框架牛就牛在把共性提炼抽象出来，用最简约的代码实现，代码越简单越牛。

软件流水线提升整个行业的水平，彻底替代手工打造的落后局面。

搞深度学习框架的那群人，他们，可能是同学同事同行，亦狂亦侠亦友。他们，必然是浩宇璀璨群星，风雷意气峥嵘。

贾扬清，化身修罗，重回故里，现任阿里巴巴技术副总裁。

陈天奇，学府道场，CMU 大学教书，投入深度学习编译 TVM。

李沐，蒲团打坐，驻守美国亚马逊，现任资深主任科学家。

徐伟，开山老祖，现任地平线 AI 首席科学家。

王益，绝顶神僧，谷歌、腾讯、蚂蚁金服主任科学家，2021 年初去脸书公司。

袁进辉，苦炼金刚，网名“老师木”，清华博士后，微软科学家，穷酸创业。

林敏，羽化成仙，跳出三界，研究基础理论去了。

无论是产品，还是生态，最终，市场会决定胜出者。

人工智能头顶高科技花环，被高高捧起，又被左右开弓扇耳光，灵魂三逼问：到底行不行？啥时候突破？谁杀死那只独角兽？突破难规划，创新难计划，独角兽不拼命也不行……此后，深度学习框架，对于国外开发者同样重要。

需要发问的是：如何才能做出全球大流行的开源深度学习框架？网友质问的原话是："你敢超过吗？"

第2章
搞AI框架的那群人（二）：燎原火，贾扬清

1 躲躲藏藏的宽阔

在人工智能（AI）的江湖，常听人言：得框架者，得天下。

谁主宰AI模型的生产自动化，谁最有可能主宰AI工业化。所以，深度学习框架是科技巨头兵家必争之地。

深度学习框架属于AI框架，是AI底层技术，而AI技术创新早已深入底层。没有什么道路可以通往底层技术创新，底层技术创新本身就是道路。

这条路，是隐秘的，深度学习框架作为AI系统软件，走近前去，才不断惊叹它那种躲躲藏藏的宽阔；走进前去，才不断惊叹战壕密布，战马喧腾。

低垂的果实已摘光，那些只消小打小闹（对AI模型做一些小调整，扩大AI模型的规模）就能刷论文、刷面子、刷一切的日子，一去不复返了。

从历史中得到的唯一教训，就是从未从历史中得到教训。而AI算法不同，偏偏擅长从历史中“得到”。

回顾从前，多款深度学习框架，待时而出，常听人言：为什么，这个深度学习框架受人追捧，那个深度学习框架遭人嫌弃？

贾扬清认为："这背后是AI需求和设计逻辑的变化。"

像深度学习框架这样的计算机系统软件，大型项目经验被极客们追奉为信仰，而贾扬清是开源软件深度学习框架Caffe，Caffe2的作者，是谷歌深度学习框架TensorFlow的核心作者之一，亲手写了ONNX第一版代码。

一位技术大神可以是一个深度学习框架的作者，很难是全球流行深度学习框架的作者，极难成为多款全球大流行的深度学习框架的作者。

伸手一数，这个年龄段，这个履历表，放眼全球，除了贾扬清，很难找到第二人。

2 一时，性能是第一需求

车轮破开积水。

开场白，在雨中。撑着伞，边走边聊，贾扬清说："对于技术来说，有一句话很重要，There is no stupid people, only misaligned priority（没有蠢人蠢事，只有搞错了的优先级）。”

深度学习框架的发展是螺旋式的，谈论深度学习框架，绕不过它所解决的核心问题。某一段时间内，性能是第一需求；过一段时间，灵活又会变成第一需求。敲黑板，请记住“第一需求”。

搞人工智能，首先气质这块要跟上，手推公式，一面墙写满密密麻麻的公式，顿时身高一米八，气场八米一。

搞人工智能，其次能力这块要跟上，机房里动不动就是计算集群，一台计算机解决不了，一百台计算机合力上。一顿操作猛如虎，效率还在原地杵，那可是饶君掬尽湘江水，难洗今朝满面羞。

搞人工智能，光会数学不够，还要懂计算机，动不动赤手空拳面对一群计算机。虽然不是打群架，但也难敌成千上万张显卡，性能、资源、带宽、访存、大规模分布式系统，一个都不能少，都要搞定。

搞人工智能，不容易。假设一个工程师这样开始一天的工作：在计算机上每实现一个 AI 算法，都要用机器指令控制庞大的计算机系统，全盘考虑计算机底层资源是如何运转、如何分配的。这还不够乱，后面还有一千台计算机在排长队，看不到队尾那种。

于是，下班给老板写了一封辞职信，来男厕所第二个隔间处领取。

眼瞅着这种困难和复杂至极的情况，真是闻者伤心，听者落泪。往严重里说，运算 AI 算法和计算机的效率上不去，会拖住全球人工智能产业落地的后腿。

对此，搞深度学习框架那帮人旗帜鲜明地支持 AI 算法工程师，全神贯注于算法设计和实现，让深度学习框架解决这个痛点。而那些最先解决痛点的，往往是最先遇到痛点的。

2009 年，谷歌公司率先建了一个框架，名叫 DistBelief。

谷歌公司擅长计算机系统级软件，它不会放过任何机会。历史反复证明，在计算机系统软件的战场上，谷歌没有输给过任何公司。跑高铁，铺铁轨，跑算法，就要建框架。于是，谷歌建了。

如今谈起 DistBelief，仿佛陈年往事。这个谷歌公司的闭源框架，从分步式系统设计的角度看，建得非常好。也有人把 DistBelief 视为 TensorFlow 的前身。

虽然最开始设计的时候不是专门为卷积网络设计的，但是，DistBelief 给当时非卷积的网络架构提供了很好的设计基础。它的设计原理像大脑，厉害之处在于，那个时候，就能做超大规模的训练，搞定十亿参数。

谷歌浑涵光芒，雄视千军，做大型计算机系统软件，尤为擅长分布式，“大”从来不是问题，就怕不够“大”。

那时候，中国的新浪微博才刚开始走红，不像今天“微博舆论”已是大数据。那些 AI 训练所使用的数据，像夏汛的河水不断刷新水位线纪录。而那时候的深度学习框架，没有“张量（tensor）”的概念。

曾几何时，张量是物理学家喜欢的概念，但是数学家会说，我不满意物理学家对张量的看法。AI 算法开发者说：“只使用，不争论。”

所有的光芒，都需要时间才能被看到。

2010 年，深度学习在语音领域实现了突破，其中没有用到卷积网络。转眼一年后，2011 年 12 月 29 日，一篇论文激起千层浪，一个炫酷黑科技大火了，计算机居然会自动找出猫咪图片。

这个 AI 技术，是谷歌的。让计算机来回答一张图片上的动物是不是猫，答案只有两个，是猫，不是猫。爱猫人士，一片欢腾，人工智能也爱撸猫，看来普通人和高科技的距离，只有一只猫。

猫火了，论文也火了，谷歌也火了一把，只有深度学习框架没有火。

那篇响当当的论文是在 DistBelief 深度学习框架上做的。那时候，谷歌公司就能自信地漫步在深度学习框架上，用成千上万的 CPU 核，训练数十亿参数，游刃有余地管理底层技术细节。

“喵星人”是网红体质，AI 也是。

2012 年，AlexNet 模型一问世就成了网红，掀起了深度学习在图像识别上的高潮。这个模型有多重要？此后的大约十年内，有无数双渴想发论文的眼睛都不停放电，不放过任何一点微小细节，哪怕论文里有些思路已不再适用。

AlexNet 模型的背后是图灵奖获得者，杰弗里·辛顿（Geoffrey Hinton），论文的两位作者（Alex Krizhevsky 和 Ilya Sutskever）同出一个师门。那一年的国际竞赛上，他们的团队是唯一使用神经网络的团队。

日后从创业到被谷歌收购，一路火花带闪电。

Alex 是常见英文名，有战士之意，这个名字的常见程度，类似于中国的“建军”。为了训练模型更顺畅，建军博士 Alex Krizhevsky 手写了一套深度学习框架，名叫 Cuda-Convnet，完全是为了搞科研，顺手而做的。

起初，建军博士 Alex Krizhevsky 搭建了支持快速科研迭代的一套代码，在 GPU 上快速跑神经网络。随后，用比较简单直接的 C/C++ 代码和手工定义模型格式，不加入太多大工程的抽象和设计，一切按从简于易的思路设计。

草率批评的人会说，很难体系化。建军博士 Alex Krizhevsky 可能会儒雅地回怼：“奇技淫巧，吾不以为意也。”

深度学习框架 Cuda-Convnet 的整套代码，是典型的科研代码，大牛才能写出来，缺憾是不重视工程设计，没有太关注模块化和抽象化的能力。那时候，手写框架大神出手对付科研，足矣。

出生于那个时期的深度学习框架，身上留有“时代的烙印”，天时地利决定了它不是为工业化而生。不能往大处用又怎么样？不求孤名做霸王，打遍天下做拳王。

3 Caffe 问世，人间值得

夕阳暮火，纽约大学晚风撩人，加州大学伯克利分校晚霞灿烂。

美国纽约大学杨立昆团队推出的 OverFeat 深度学习框架，也完全出于自用，完全以搞科研为目的。甚至连起名字也没有多费心。OverFeat 是一篇论文提到的算法名字，时至今日，再度提起这个框架，有一种考古挖掘的既视感。

从 2009 年 8 月开始的四年零五个月里，贾扬清在美国加州大学伯克利分校读博士，在计算机视觉小组，他悄然发现 Cuda-Convnet 是个宝藏，代码在优化方面写得特别精妙。他按捺不住惊喜，找到了建军博士 Alex Krizhevsky，只为此间精妙，哪怕从头写一遍 Cuda-Convnet 全部代码。

有些问题，早已藏在心底，期待被人问起。作为 AI 的使徒，建军博士 Alex Krizhevsky 心底的问题被贾扬清问到了，Cuda-Convnet 是怎么设计出来的？

建军博士 Alex Krizhevsky 的语气儒雅温柔：“因为我们成立了科技公司，代码属于商业知识产权，不能分享代码，但是，如果有什么科研实现上的困难，可以随时问问题。”

为了尊重知识产权，除了开源 Cuda-Convnet 之外的任何一行代码，都不可分享。但是，智慧和经验都可分享，一段不限时长的在线 Q&A 开始了。此后，当贾扬清和团队遇到困难，就会得到帮助。这是上一代全球流行的深度学习框架 Caffe 最开始的故事。

一段伟大的旅程，出发时，往往只为实现一个小目标。

那时候，贾扬清的想法很简单，让加州大学伯克利分校的队友们，更容易尝试花式新算法，跑模型的工作更加体系化。

贾扬清心惟其义，潜心学习了 Cuda-Convnet 的写法，主要是学习高性能代码的设计思路。

他打算重新写一个框架，实现和 Cuda-Convnet 一样的功能，设计得更加体系化，更多工程上的抽象，同时又有完整的单元测试。

有些工作，一旦开头，就停不下来了。贾扬清和团队先写了一个基于 CPU 的框架，叫 Decaf。再写了一个基于 GPU 的框架，叫 Caffe（C-A-F-F-E 这个五个字母，分别是论文“快速特征提取的卷积框架”英文简称的首字母），读音为咖啡的英文。

Caffe 的论文还对比了 OverFeat，Decaf，Torch7，Theano/Pylearn2，Cuda-Convnet 这几位框架界的前辈。

巧合的是，第一眼看到这个开源框架的 AI 开发者，可能要惊讶到“喝杯咖啡，压压惊”。深度学习框架 Caffe 的出现，方便了万千 AI 开发者体系化的开发模型，远离那本叫作《颈椎综合症的康复与治疗》的破书。

说深度学习框架 Caffe 是许多 AI 开发者的初恋，并不为过，知乎帖子里的“回忆杀”，至今仍有开发者把 Caffe 的源码梳理了好几遍，一种经典永流传的既视感。

早期计算机视觉创业公司则拿出看性感美女的眼神打量 Caffe，一秒钟也不能等了，立刻上手。谁拦着，就急眼，谁挡着，就拼命。

人头攒动中，人群高喊：Caffe 来啦，快用啊，没时间解释了，老司机开车啦。

作为贾扬清创建的开源项目，Caffe 由美国加州大学伯克利分校视觉和学习中心在 GitHub 上一个活跃的贡献者社区的帮助下，维护和开发。

Caffe 出生的时候，贾扬清是博士生，买设备，很抠门，好在英伟达公司捐赠了一个 6000 美元的 GPU，他又去美国亚马逊网站攒了一台 600 美元的电脑。大家开玩笑说，这套装备的净值是 6600 美元。

谁能想到，老司机的车，是小马拉大车。

这不是传闻，这是贾扬清在 Caffe 项目上真实的工作条件。直到今日，贾扬清仍然感怀 Cuda-Convnet 的“功劳”，引用他的原话就是：“特别是一些算子实现，都是受到了它的启发。”

传承是一种科学精神，无论后辈致敬前辈，还是前辈关怀后辈，都好似春风拂面，阳光醉人。

贾扬清曾在知乎上聊过一个小段子。美国斯坦福大学著名的李飞飞教授（这位是女神版，阿里巴巴还有一位男神版）经常关心华人学生。贾扬清在加州大学伯克利分校念博士的时候，有一天，李飞飞教授突然问了贾扬清的导师 Trevor Darrell 教授一句：“贾扬清这学期没干啥事儿啊！（Yangqing is just doodling around in the last semester!）”

从斯坦福大学到加州大学伯克利分校，开车需要一小时，AI 大牛教授洞察一位博士生只需一个念头。请估算贾扬清的心理阴影面积和感动函数。

那些时光冲不淡、风尘吹不散的日子，偶然念及，岁月静好，人间值得。

4　吹响军团作战冲锋号

一路奔，一路跑，

深度学习算法豹变，深度学习框架虎啸。

著名的 AlexNet 之后，优秀的 VGG，GoogLeNet 等深度学习算法模型，以山洪暴发之势，冲刺精确度，横扫江湖。

建军博士 Alex Krizhevsky 有一句著名的玩笑，“用两个 GPU，就超越了谷歌的工作性能”。读懂这句的人，无不感慨算法创新的魅力如此之大。算法强，就能在同等条件或者更少算力的条件下，仅凭才华，以寡敌众，以穷胜富，以少赢多。然而，深度学习框架那帮人心里却在想另一件事，既然算法创新如此迅猛，就得有相应的软件框架去实现。

那时候，谷歌 AI 掌门杰夫 · 迪恩（Jeff Dean）和美国斯坦福大学博士安德烈 · 卡帕西（Andrej Karpathy）常常叫上精神小伙儿们，围桌讨论。这种天才小论坛，在当年，一间屋子也就够坐了。杰夫 · 迪恩偏超大工业工程，安德烈侧重前沿学术研究。那个时候，这群精神小伙儿中有很多人还是学生，他们时常讨论 AI 将有什么样的创新。

有人称杰夫 · 迪恩为“姐夫”，是杰夫的谐音，但是称他为天才并不为过。

安德烈·卡帕西则是“全身热恋”，个人网页向AI告白“karpathy.ai”“我喜欢在大型数据集上训练深度神经网络”。

后话是，安德烈·卡帕西于2017年离开谷歌去了特斯拉，同年，建军博士AlexKrizhevsky也离开谷歌。

贾扬清做Caffe项目的时候是博士生，周围很多AI大神也仍在求学。那时候，大家喜欢在性能上比赛，我的性能比你好，你的性能比我好。所以，算得快，很重要。

“自建”深度学习框架时代，“第一需求”是什么？答案是性能。

纵观这个历史时期，深度学习框架先要让模型性能受益，其他不太顾得上。深度学习框架没有“大一统”，深度学习框架都很简单，很小。

这好比新石器时代的河姆渡人盖房子，盖得简单，但也可以为原始人遮些风，挡些雨。那时候，哪有毗邻名校、楼层视野、小区绿化、周边配套等讲究。

忆往昔，搞深度学习框架这群人雕刻灵魂，也雕刻了岁月，他们不急不躁，对AI技术的促进自不用说，对AI产业潜移默化，让人敬畏。

深度学习框架当中，Theano比较偏向数据科学家的使用，用Python编程语言，用代码生成模式。而Torch则不同，关注灵活的迭代，用Lua编程语言。

Lua这个语言，小而美，它在游戏领域很受欢迎，允许与C数据结构简单接口，只可惜后来日渐式微了。有不少人很喜欢，用熟了就继续在深度学习框架中使用。

俗话说，熟土难离。这个细节反映出，那个时代，不争抢，不内卷，大家都是怎么熟悉怎么来，怎么顺手怎么来。这也反映出，Torch 从一开始就是重视易用性理念，而不关心新技术思路的实现。

性能为王的岁月，英伟达公司敏锐参与了趋势，和搞深度学习框架那帮人常有沟通，互帮互助，带动大家伙为深度学习框架贡献代码。

这里加一个小段子，英伟达的产品线刚刚开始有 AI 计算的时候，有一个捐赠计划可以让贾扬清选两种 GPU。一种仅用于 AI 计算，不能玩游戏。另一种，保留了游戏用途的接口，不仅可以做计算，还可以玩游戏。当时，贾扬清想也没想，选了前者。回头一想，竟然后悔。

cuDNN 是英伟达用于深度神经网络的 GPU 算子库。如今，已经是各大品牌的深度学习框架都会调用的工具。英伟达先知先觉，谷歌后知后觉。

2014 年前后，深度学习框架 DistBelief 的设计，不太适合深度学习里的一种新思路，张量（Tensor）。所以，谷歌内部也持续有讨论的声音传出来，新的框架应该怎么做。没有人明确说他们正在做的，就叫 DistBelief 2.0。

如果要写新的框架，那应该是怎么个写法？这个问题成为谷歌搞深度学习框架的科学家的第一要事。更准确地说，新一套，而不是新一版，迈开大步，换个思路，重新设计。

贾扬清和部分 Torch 的作者“打卡”谷歌后，开心地发现，不少老面孔已经在 DistBelief 团队里了，谷歌让开源深度学习框架作者有机会欢聚一堂。

这时候的谷歌，可谓是，深度学习框架的天下英雄，皆入我营帐之中。于是，谷歌率先发力，一堆石头打得纷飞，流星对空乱撞，好一番激荡。2015 年 10 月，TensorFlow 问世了。

人人都知道谷歌的系统能力独步天下，但又都想知道，谷歌公司的系统能力到底有多强？

总体说来，TensorFlow 的设计非常有启发性。可以把 TensorFlow 理解成为谷歌软件能力的综合体现，既能看到，众人拾柴火焰高，开源社区中所能见到的，已有的设计思路，都被很好地用了起来，比如像计算图、张量，它是一个集大成者，同时解决了性能和规模化，把分布式也做起来了。

TensorFlow 的问世，让人怀疑谷歌不是来做产品的，而是来展示实力的。再细测试能力、规模化分布式的能力，都很强，不偏科。

这是一个深度学习框架的里程碑事件，标志着学术制造（博士生和研究生做框架）的时代，轰然落幕。

那时候参与第一代深度学习框架的人中，有不少搞科研的学生，他们不是师出名门，就是高足弟子，充满科研热情。清点一圈，哪个都非等闲之辈。夜幕降临，深蓝色的星空之下，他们是拓荒者，刀耕火种，围坐篝火。

这时候，谷歌 TensorFlow 来了，刀耕火种时代的篝火晚会结束，深度学习框架开启军团作战模式，冲锋号吹响了。

5 易用和稳定，各登一顶

岁月弥久，梦已七年。

2016 年是 TensorFlow 高速发展的一年，杰夫·迪恩（Jeff Dean）的演讲里，论文引用次数指数级暴涨。

TensorFlow 的热火朝天之中，一个需求像初生嫩芽一样，从土壤中探出了脑袋，并迅速在开源社区产生集体共鸣。

TensorFlow 难学难用，恰逢其时的是，性能讲了那么长的时间，GPU 的计算速度也很快了，高速迭代不需要 100% 的性能，85% 就可以了。这时候，人力成本上升为最大的成本。

开发者拼了命地呐喊：框架得易上手！这个呐喊，是在呼吁易用性。此时的需求明摆着，就是易用。

Torch 是火把的意思，易用性点燃了深度学习框架 PyTorch 的火把，搞深度学习框架那帮人惊讶地发现，烽火连三月，易用抵万金。

这个让 TensorFlow 最忠实的用户认为最不符合逻辑的地方，一定藏着最深刻的逻辑。时来天地皆同力，PyTorch 生逢其时，正巧解决了 TensorFlow 一个超大痛点。

PyTorch 起步比 TensorFlow 晚，拼资源也不占优势，谷歌的资源不比市场上任何一家差。创始团队思前想后，决定直捣黄龙，这条龙就是易用性。俗话说，宁走十步远，不走一步险，其他特点不是不重要，而是顾不上，PyTorch 团队孤注一掷，把易用性，打穿，打透。

这种打法，逼着 PyTorch 只靠“易用性”这一拳，打出了四海八荒之力。基础设施投资是巨大的，PyTorch 最初强调易用性的原因是投入少，唯有这种打法需要较少的资源。

这个选择，有赌的成分，但是，这一次，PyTorch 赌对了。

上手 PyTorch 的人，都会觉得好用。相信当谷歌 TensorFlow 内部的人看到，并且试用 PyTorch 的时候，也会赞叹其易用性。但是，他们肯定还是相信 TensorFlow 是世界上最好的框架。

2017 年前后，人们会发现很多古老的计算机视觉模型用 Caffe 写成，很多新研究论文是用 PyTorch 写的，而更多的模型用 TensorFlow 写成。

不同的框架，不同的格式。

从框架 A 翻译到框架 B，从框架 B 翻译到框架 C……“翻译”完，还要写一堆测试。“民怨”沸腾了，有关部门得管管。

因此，ONNX（Open Neural Network Exchange）身负重任而来。2017 年最后一个月，ONNX 的第一个版本发布，第一版代码是贾扬清手写的，而最早投入 ONNX 的两位开发负责人是白俊杰和张振瑞，前者还在贾扬清团队，后者仍然是 PyTorch 团队的核心成员。

贾扬清认为，ONNX 的定位不是取代各种框架，而是让大家做事顺畅，ONNX 辅助性地来解决这个问题。

脸书公司的 PyTorch 为什么成功？

因为科研的百花齐放，渴求灵活。

谷歌公司的 TensorFlow 为什么成功？因为当时，AI 正以熊熊大火燎原之势，席卷工业界。那时那刻，需熔炉炼钢之火，需要集团军作战，需要工业界不可或缺的稳定性。

成也萧何，败也萧何。TensorFlow 是工业级的软件，学习门槛非常之高，开发者不禁会发出“危乎高哉，蜀道难”的感慨。这背后是计算机系统软件的稳定性提升，必然伴随复杂性的攀升。

PyTorch，像小汽车，容易上手，但是，规模化难。

TensorFlow，像高铁，体量巨大，但是，新手难操作。

易用性和稳定性，这是两个存在且合理的需求。两者各翻越过生态的天堑，双方各争下了一个山头。设计深度学习框架永远不是需求，而是手段。

TensorFlow 解决了 AI 工业化，PyTorch 解决了 AI 科研百花齐放。

很多人认为，最近几年，深度学习框架这一块，至少在

TensorFlow 和 PyTorch 的竞争中，几乎尘埃落定。为什么？因为这两个需求已经基本解决了。

> 若故事往细里说，那么最初版本的 PyTorch 是只专注在易用性上，但是，从 2018 年的 PyTorch 1.0 版本开始，强调在保持易用性的基础上，重视完善工业化和规模化能力。
>
> 实际上，PyTorch 1.0 版本是贾扬清在脸书公司主导创建的。相对应地，TensorFlow 从 2.0 版本开始，也非常强调加入动态图模式（Eager Execution），来加强易用性。

贾扬清认为，重复建设深度学习框架，好比整条街的咖啡都不太好喝，既不解决咖啡豆的问题，也不解决咖啡机的问题，直接重新开一个咖啡店。

在刀耕火种时代，在“第一代深度学习框架”之中，为什么会出现 Caffe、Torch、Theano 等多款深度学习框架，因为探索之处确有需求，实实在在的需求。

在贾扬清看来，深度学习框架的效率分为两个，第一个是开发者的效率，第二个是计算机软件系统和执行的效率。

易用性解决的是开发者的效率。那计算机软件系统和执行的效率呢？

此时，深度学习框架要想做得好，关键在于把“很底层很底层”的技术做高效，而不是重新做一个深度学习框架。而这部分的工作很硬核，下面加一小段科普。计算图，也可以理解为提前设计好的路线图。简单说，深度学习框架训练模型的时候，有这样一件事情需要在深度学习框架里完成，且考验效率。出发时得一步一步来，喂数据，顺着路，直到拿到一个输出，完工。

这里的“路”就是，训练模型的路。

到底该怎么走？先去武当山，还是光明顶？

计算图里的“图”，分为静态图和动态图。静态图一早就定好这个过程，不让改（深度学习框架也会把过程做个优化，计算起来效率高）。动态图则不然，每次每批数据出发之前，允许路线图变化。

深度学习框架里的一招鲜，不能吃遍天下。

很多人都在问，有多款深度学习框架可选，这一款有什么不同价值？如今，仅靠一种图的形态已经没法解决问题了，“低垂的果实”已经没有了，需要灵活运用，巧妙出手，才能走出新路。

如今的天下，是人人都有深度学习框架用的天下。

下一步的竞争，是到底算得好不好，快不快，准不准。搞深度学习框架的那帮人，就各有各的绝招了。

6 下一步，竞争什么？

如今，深度学习框架的核心难点，并不是没有框架可用。

贾扬清认为，如今的深度学习框架的核心难点有两个：往下如何兼容硬件，往上如何实现更好的分布式开发。

兼容硬件这件事，和编译器有关。圈内有句俗话是，男儿有泪不轻弹，只是未见编译器。一位老资格的 AI 算法工程师曾回忆，大学编译器课上，他哭了，是被编译器给气哭的，因为太难了。所以，一生躲着编译器走。惹不起，还躲不起？

果然，不出意外地出了意外。如果不是亲眼所见，他是万万不敢相信。当 AI 模型“下地干活”，编译器的糟心事儿，又回来了。

哭有啥用？ BM-13“喀秋莎”多管火箭炮已经把炸药倾泻到编

译器的战场了。战争不相信眼泪，深度学习框架在拼“谁可以更好地编译和优化”。

一般来说，深度学习框架开发者只想着为少数服务器级硬件（GPU）提供支持，而硬件供应商则更愿为部分框架开发自己的库。两边自顾自高筑墙，把周围战壕的土都用光了，于是，低头一看，竟然挖出一个大坑来。

将 AI 模型部署到新硬件，需要大量的手动工作，如此一来，谁来填坑？说到底还是深度学习框架。这样问题就总结出来了，深度学习框架，往下如何兼容硬件？

只能让深度学习框架和硬件平台对接好，而不是对每种新硬件类型和设备都开发新的编译器和库。

说到编译器，也有很多种，有图学习的编译器，有数据库的编译器。但深度学习编译器一来，就可以将 AI 编译器单独分一类了。与传统编译器类似，深度学习编译器也采用分层设计，包括前端、中间表达（IR）、后端。

其中，编译器和中间表达，就像异父异母的两个亲兄弟。一般来说，编译器的优化是把中间表达部分里一些可以跑得更快的地方，改动一下。

贾扬清心中的未来可能是，AI 编译器可以为运行的任何硬件生成机器原生代码，无须担心中间表达。用深度学习框架写的模型更自动化，模型跑得更快。这样，AI 产业有机会整体提效。贾扬清说，互联网大厂的 AI 工程体系还在整合。AI 的落地情况，好比 20 世纪 80 年代的“现代化”，楼上楼下，电灯电话。

搞深度学习框架的那帮人一个岗位饰演多个角色，从算法研究员、软件工程师、数据工程师、应用工程师，到系统工程师。千难，万难，自己选的路，跪着也要走完。

讲一个真实的案例，一位多金且懂行的客户说，这里有一个图片识别模型，想跑得快一点儿。

团队一	
方案一	让编译器优化发挥作用。
结果一	试用一个月，客户一脸高兴：“不仅模型跑得快了，而且成本低了。”

团队二	
方案二	重新做一套深度学习框架，让客户换过来用。
结果二	听完一分钟，客户一脸铁青：“没人，也没时间。”

本质上，事到如今，AI 还不是超级 APP。

这里有两层含义：

一、不是一个单点产品就能大包大揽 AI 所有能力，而是一系列能力的组合；

二、AI 非常强烈地需要标准软件 + 定制化服务。

远见者稳进，稳健者远行，贾扬清为什么发布阿里灵杰，发布阿里整体大数据＋ AI 能力？

回望八年前，一个工程师具备训练图像识别模型的能力，就已经是 AI 开发者里的高手。

如今，已经是将 AI 的算法和数据、场景结合起来，去构建一个完整的解决方案，解决各行各业当中的实际问题。

贾扬清认为，从开发的角度，从写下第一行代码，到完成第一个 AI 模型，需要多久？

从应用的角度，从抓住一个需求，到 AI 产品原型上线，需要多久？

对于阿里灵杰来说，从底座，到上层应用，整体都能让开发者按需取用，开箱即用。

这样，才有可能在云上画出人工智能第二增长曲线。

如今，产业正在经历大数据和 AI 一体化，需要经久耐用的底座。

在阿里云的底座里，阿里云机器学习平台 PAI 出手就是一条龙服务，管资源、管任务。大规模分布式训练框架 Whale，可以理解为是 PAI 里的一个软件包。数据仓库 MaxCompute 支持大型分布式数据计算。DataWorks 提供一站式数据开发、管理、治理平台。

学生时代，贾扬清的电脑显卡性能不强，玩 3D 游戏《荒野大镖客》会把游戏画面设置到最低，以免画质感人。时间一长，“随手最低”习惯成自然。

工作后，贾扬清如愿以偿，换上最强显卡。初初上手，仿若从前，突然，他想起显卡不再是从前的显卡。快，快，快把游戏画面设置调成最高，享受一下。那一刻，贾扬清看到了一个完全不一样的游戏。

从 1956 年的达特茅斯会议算起，2023 年的 AI 已走过 67 个春秋，时间好不经用，抬头已过甲子。搞深度学习框架的那群人，说到底是做基础设施的人，他们相信，会有一天，AI 生产工业化一片坦荡，大数据和大模型在流水线上高速冲浪……

那时候，人们将看到一个完全不一样的 AI。

第3章
搞AI框架的那群人（三）：狂热的AlphaFold和沉默的中国科学家

1

高端的科学，往往只要最朴素的科学工具。

1974年4月，美国阿贡国家实验室，一群科学家在讨论做一个数学软件的可能性，这个软件专门解一类问题——线性系统问题。

听取多方意见后，厚厚一摞关于数学软件LINPACK的提案被搁在“美国国家科学基金会”负责人的桌子上，报请科研经费。

一摞钱“啪”地一声被拍在桌子上，批准了。

拍一摞子钱，这个动作是脑补的，但数学软件是真真实实的。

LINPACK是Linear System Package，线性系统软件包的缩写，一款几十年前的科研工具，如今仍然在使用中。

美国人搞科研工具，毫不犹豫。他们很清楚，科研工具的水平，从某种程度上，体现了一个国家的科研水平。

1979 年，一名叫作杰克·唐加拉（Jack Dongarra）的青年人在美国百年名校新墨西哥大学获得博士学位，他读博期间的工作就是开发 LINPACK，他的导师是克里夫·莫勒尔（Clever Moler）教授。

那一时期，克里夫·莫勒尔教授团队开发了多个数学软件包，其中一个是数学软件 LINPACK。后来，他们又写了一个小工具软件把它们封装起来，叫作 MATLAB。

眼尖的人该说了："这不就是十三所高校被禁用的那款软件？"

"是的呢。"

眼尖的人还说了："杰克·唐加拉就是获得 2021 年图灵奖的那位七十多岁的老爷爷。"

"是的呢。"

LINPACK 是使他拿下一百万美金的图灵奖的获奖原因之一。

杰克·唐加拉教授和蔼可亲，是中国人民的老朋友，也是业界泰斗。在国内编程比赛上，很多学生都喜欢围绕在他身边合影。估计得奖后，想和他合影的人更多了。

就像画家用绘画软件一样，对于 MATLAB、LINPACK 这类工具，科学家和工程师离不了。

同样出名、同样由科学家开发的软件，还有 Mathematica，是英国粒子物理学家斯蒂芬·沃尔夫勒（Stephen Wolfram）教授在学术界的时候弄的，后来孕育出一家商业公司，Mathematica 发展成一款成功的商业软件。

搞科研碰到一个方程，不知怎么解，打开软件输入进去，出结果，全剧终。

这种软件简直就是神奇的解题答案"输出机"，复杂数学运算"小能手"，解方程、求导数、求积分、求逆矩阵等，说算就算，从不失灵。

好软件，人人爱。不出意外地，这位科学家创始人"一夜暴富"。

而这并不是他的人生巅峰，科学宣言 *New Kind of Science* 才是，不过这都是后话了。

Mathematica 和 MATLAB 并肩，可称两大数学软件，很多功能在相应领域内处于世界领先地位。搞科研，离不了。

这一点，美国人也知道。

即使是现在别的科学计算生态成熟了，即使是 MATLAB 中大部分普通的数学计算可以用 R、Python 、Octave、Julia 等实现，但是，MATLAB 中有很多专业领域的工具很难被替代，比如工具箱（Toolbox）、模拟仿真（Simulink），涉及工业仿真、建模，在专业场景下反复迭代而成。

一时半刻无法完全替代，这也是国内短时间要追赶的难点。

数学大辉煌，科技大发展。

数学工具刚，科技也会强。

数学工具，是科研工具里的一种。

2022 年 4 月，一位北京大学生命科学领域的博士生导师对我说："培养青年科学家有四个关键点，其中一点，就是'开发科研应用工具的能力'"。这里值得画一下重点。

中国科学院计算技术研究所博士生导师包云岗说："把科研工具做出来，而不是追求发表论文。"

富则火力覆盖，穷则战术穿插。

中国的科研工具水平三年内有机会追上美国吗?

没机会，创造机会。

有机会，一定抓住。

这不是耳旁啾唧叮嘱，而是百万人振臂高呼，此声排山倒海，响彻云霄。

输什么，别输气势。输什么，别输干劲。

2.

科学是渐进式的，有时也会冒出惊喜，突然发生一件令人兴奋的事。

本书的成稿时间是 2022 年 4 月，过去的一段时间，人工智能 AlphaFold 的狂热席卷了全世界的生命科学领域。AlphaFold 是一个洋气的名字，在人工智能简史里，它值得被人记住。

一时间，人工智能为科学家节省了大把时间；

一时间，人工智能使以前难以想象或非常不切实际的研究成为可能。

一场无法避免，也不可能避免的狂热正在灼烧一切。众所周知，人工智能预测是有局限的，不是 100% 可靠的。

这竟然也无法阻挡升腾的热力。

伦敦大学学院的计算生物学家克里斯汀·奥雷戈（Christine Orengo）对《自然》杂志网站说："我每次参加会议，人们都在说：'为什么不用 AlphaFold？'"

中国科研工作者眉头紧锁，他们说："AlphaFold 解决的问题和以前解决的问题，不在一个层面。"

人工智能在药物发现、蛋白质设计，以及复杂生命起源等领域里大展拳脚。大科学家、小科学家、工程师，怀揣宝典，熟背心经，努力跟上。

高深晦涩的科学术语仿佛咒语，牢牢挡住了人们的视线。

"灵魂三问"走起：AlphaFold 到底是什么？AlphaFold 牛气在何处？ AlphaFold 和普罗大众有什么关系？

英雄也问出处，先谈 AlphaFold 的出身。

AlphaFold 归 DeepMind，DeepMind 归谷歌，谷歌是当之无愧的人工智能大富豪、大赢家。谷歌不仅拥有一系列引人瞩目的人工智能产品，其生态也建设得非常完整和领先。

软硬件，端到端，伸出手指数一下：AI 芯片 TPU，开源 AI 框架 TensorFlow、JAX，眼花缭乱的先进 AI 模型 AutoML、BERT、Transformer，后面还有两个字“等等”。

AlphaFold 的成功不是“单点”成功，而是闭环成功。这一次，AlphaFold 又把谷歌的 AI 领头羊地位，推上一个新高度。

AlphaFold 的成功暂时谈到这里，即使还值得洋洋洒洒写一顿。

AlphaFold 是一段石破天惊的计算机程序，核心技术采用了深度学习。还记得那个会下围棋还打败人类顶尖选手的人工智能吧，名叫 AlphaGo，和 AlphaFold“看上去”都是同一个 Alpha 家族的。

简单来说，一些知名的疾病，如阿尔茨海默病、疯牛病、帕金森氏症等，是蛋白质没有正确折叠（误折）而产生的严重后果。

蛋白质犹如一台令人惊奇的机器：哥们儿在干活之前，需要组装自己。这种组装被称为“折叠（Folding）”。

是时候展示真正的技术了，人类科学家请抓紧时间上场，舞台交给你们了。

请模仿蛋白质折叠，从而了解蛋白质如何迅速可靠地折叠。然后，驱逐病魔，美满人间。

可惜，造句可以，不能让我造谣。

科学难题，往往令人窒息，往往特别复杂。对迷宫需要抱持那种深吸一口气的敬畏感，盲目乐观不可取。

人类找不到一条简单的路，没法通过智慧直接得到一个简单的结论。因而，有些工作以“放弃”收场。

2020 年，AlphaFold 在一次蛋白质结构预测的竞赛中崭露头角，凭借接近实验精度的成绩，拿下比赛榜首，取得实质性突破。

这是一种出道即出 C 位的既视感。

简单说就是，计算机跑了一段程序，出来的结果接近实验精度。这不只是一个新成绩，更是开辟了一套新玩法。

世间不乏挑战者跃跃欲试，有许多科学家尝试利用计算方法进行蛋白质结构预测，可惜结构预测精度远远达不到使用要求。

在此之前，蛋白质结构只能通过艰苦的实验室分析来确定。除了艰苦，实验室的研究经费以肉眼可见的速度疯狂燃烧。

AlphaFold 的工作是用人工智能预测蛋白质结构，它让人类找到了相对正确的蛋白质结构预测计算方法。

都说人工智能是贵族的游戏，但是，在研究蛋白质三维结构的实验室眼里，AlphaFold 是经济适用男。AlphaFold 上岗，可省了大钱了。

为此，科学家们埋头苦干了“五十年”。为什么这么久？

蛋白质折叠是典型的基础科学，没有直接的商业目标，无法直接产生药品，但其成果却被广泛应用到生命科学的各个领域。

有些事你以为是冲刺颠覆，其实只是开始。

3.

“蛋白质折叠”曾被“灵魂三问”：

1. 氨基酸序列决定蛋白质的天然结构，它的物理规则是什么？
2. 蛋白质这玩意儿，怎么能折叠得如此迅速？

3. 能不能设计一种计算机算法，用蛋白质的序列来预测其结构？

1958年，科学家Kendrew及其合作者公布了球状蛋白的第一个结构。大家发现，这玩意儿的结构莫名其妙地复杂，并且缺乏对称性和规则性。日后，这成了蛋白质结构最引人注目的特征。

世界上最难的规则，往往就是没有规则。

最难的问题，往往吸引最厉害的科学家。

科学方法论可分为三种：理论、实验和计算，这“三驾马车”既相互依赖，又相对独立。为了“搞定”蛋白质，这三种科学方法论轮番上阵。

1962年，诺贝尔化学奖授予Max Perutz和John Kendrew两位科学家，以表彰他们在确定球蛋白结构方面的开创性贡献，他们的工作也提出问题：如何用物理原理来阐明蛋白质的结构？

诺贝尔奖从不掩饰“偏爱”。

2013年，诺贝尔化学奖获得者之一是美国哈佛大学的教授马丁·卡普拉斯（Martin Karplus）。他也是分子模拟领域的开创者之一。

这些分子间的物理作用力在计算机建模中被“模拟”，计算蛋白质的过程就是探索蛋白质的状态。

毫无疑问，这是一个诺奖大师刷刷登场的舞台，于是，有人说，搞科学是大神干的事情，和我等智商平平的凡人距离遥远，扯不上关系。

不过，也不见得。

2008年，美国西雅图华盛顿大学的一位生物化学家大卫·贝克（David Baker）教授设计了一款电子游戏《蛋白质迷城》（*Foldit*）。

打游戏也能搞科学。而且，这个“方法”属于科学方法论中的“计算”。

游戏里把蛋白质像折纸条一样折来折去。这个游戏的规则是，谁折得尽可能完美，谁就赢。相互竞争，有得分，有排名。

著名的利文索尔佯谬（Levinthal's paradox）告诉我们，如果要对蛋白质所有不同的可能构象都去尝试而获得其正确的折叠方式，所花费的时间，比宇宙形成的时间还要长。这意味着，很多科学家发起挑战的时候，对有生之年解决这个问题的态度并不乐观。

所以，请手动点亮“AlphaFold”火爆指数。

所以，研究蛋白质科学，不能蛮干傻干。

5 万名《蛋白质迷城》游戏玩家多年以来没有白玩，游戏结果超过了算法计算出的结果。而和游戏结果有关的论文，被发表在知名学术期刊《自然》主刊上。论文作者名单上除了大卫·贝克等人，还有《蛋白质迷城》玩家（Foldit players）。

换句话说，论文的作者，可能有放学赖在校门口吃零食的十二岁小学生，也可能有生物实验室里穿白大褂的博士后。

这个游戏有个“隐藏任务”引起了一个人的注意，他就是谷歌子公司 DeepMind 公司的联合创始人德米斯·哈萨比斯（Demis Hassabis）。哈萨比斯思考，《蛋白质迷城》游戏能训练人类的思维方式，那能不能训练人工智能模仿玩家的思维方式？

小孩子才做选择，科学家全部都要。

蛋白质结构预测镶嵌在深蓝色天鹅绒般的夜空中，哈萨比斯仿佛看见了最亮的一颗星星。他谈笑风生：“这是迄今为止 AI 在推动科学进步方面做出的最大贡献。”

喝最烈的酒，笑最大的声，笑声未在风中消散，新一轮风驰电掣来了。

2021 年 7 月 15 日是属于“蛋白质”的重要日子。这一天，有两队专家开源了各自的蛋白质预测代码，配套论文讲解“攻略”。同一天，一篇发表在《自然》上，一篇发表在《科学》上。

无巧不成书，一队科学家来自 DeepMind 公司，另一个科学家团队里有一个熟悉的名字——大卫·贝克，《蛋白质迷城》游戏主创之一。据熟悉他的人士透露，他的研究团队现今非常之大，堪称百人天团。

再谈回他的团队达成的性能，还是 AlphaFold2（AlphaFold 的第二版）更强些。

据说，只能是据说，DeepMind 公司原本想把 AlphaFold2 商业化，但因为大卫·贝克也有自己的研究方法，并开源了成果，所以，DeepMind 也选择了开源。

有人春风得意，有人夜不能寐。

“浙江”是钱塘江的古称，江浩渺惟天阔，茫洋与海通。

坐标杭州，滨江国产计算厂商“杭州研究所”，于璠博士常常睡得很少，屡屡熬夜看科学论文。他是国产计算厂商软件领域科学家。

某个漆黑的夜里，研究所院子里的池塘影影绰绰，他的耳边突然嘈杂，无数声音涌入，窜上落下，时高时低。

“MATLAB 用不了了”，十三所中国高校的老师和同学们齐声说。

某国一脸骄傲：“我们人工智能算法领先，硬件领先，工具领先，生态领先……一切领先。”

质问之声遂起：“美国的 AlphaFold 如此狂热，中国何时能有一款支持它这种超牛 AI 模型，且大流行的底层软件？”

这个世界上的很多优秀产品都遵循同样的诞生轨迹——被逼得没办法，只好自己捣鼓出一套东西，解决自己的需求。

于璠不得不面对“AlphaFold 狂热的大潮”，窗外夜色凝重，星光灰蒙，风狂雨暗舟人惧，他想“冲进风暴”。

正如本章开头所讲的，自 1970 年代起，美国就先人一步开发了线性系统软件包 LINPACK，再到 Mathematica 和 MATLAB，它们有个共同点，均“血统纯正”地出生于学术圈。

它们是“取之于科学家，用之于科学家”的典型。

甚至，科学实验室不是终点，实力强的软件能一路狂奔到企业、工地、车间、厂房，奔向气象预报、航空航天、水利水电、汽车陆运、远洋航运等领域。

作为一种利器，前世是数学与科学，后世是国民与经济。今天上九天揽月，明天下五洋捉鳖。

于璠，中国科学技术大学计算机专业博士，在国产计算厂商工作 13 年，曾主导多个架构和算法的设计与落地。坦白讲，他不算学术界科学家，他带领的是一支软件工程师团队。从 2019 年开始，他负责国产计算厂商自研 AI 框架的架构设计和算法创新工作。

有趣的是，这支 AI 框架团队，是一支“花式跨界”团队，包括了计算机专业里的分布式、编译器、算法、操作系统等不同技术方向的角色。就好比，冬奥会的花滑、速滑、跳台滑雪、冰壶运动员都在一个团队里，还得共同拿下一个好成绩。

这是因为 AI 框架太底层了，对技术要求很全面，缺哪一项都会影响“发挥”。而且，对比“血统纯正”出生在学术圈的科学软件，于璠团队的产品与它们隔了好几条钱塘江。

AlphaFold 的狂热，是 AI 创新的狂热，全球 AI 爱好者为之沸腾。国内的 AI 团队，也被迷住了。

世间任何一股狂热，都不会只含有一个高潮。

AlphaFold 不只是一段计算机程序，还带来了 AI 辅助科学家进行科学探索的新范式。当科学范式发生变化时，抓住了就是机会，前提是你有足够的洞察力。

AlphaFold 引领的 AI for Science 论文数量暴涨，AI 辅助科学家进行科学探索的尝试是那么新奇有趣，妙极了。

机会留给特别用心的人。

江水滔滔顺着老河床流淌，很难刷出新的冲积平原。我们需要更透彻地研究湍流，才能从湍流中汲取力量。而于璠团队想做的是，让“科学工具”跑在“国产基础软件”上。

怎么说呢，这个想法，很朋克！

这事儿光靠 “一头热”不够，中国要想拥有好用的科研软件，得下一步关键棋，找到“心仪”的科学家团队，两方一起“骚动”。这看上去要比找对象难多了……

4.

近水楼台先得月。

于璠团队的第一个合作科学家团队，在自己公司的手机仿真实验室找着了。合作双方在同一家公司内部，有一定的好处。比如，作为同事，他们不好意思把你直接轰出办公室。

没有瞎吹牛，没有造新词，没有布道师，这支“三无团队”直接彻底做到了“AI 能搞科学！”

早年，为了做好手机，砸重金，成立了电、热、声、光、力，五大物理领域仿真实验室。越硬核的技术，越涉及机密，不便详述。据参观过现场的人士向我透露：“请用科幻电影脑补。”

听君一句话，胜似一句话。

这家公司五大物理领域仿真实验室的科学家团队，既懂物理规律，又懂科学计算，天天在实验室里挥斥方遒。物理方程多得很，这里只讲电磁方程，科学家将科学计算用于电磁方程的数值求解。

大家都记得，曾几何时，这家公司与苹果公司在中国高端手机市场分庭抗礼，甚至一度取得对抗优势。后面的事情，大家都知道了，彼时彼刻，不能上手打人，是一件特别遗憾的事。

我们把遗憾放在心底，把干劲甩上膀子。

于璠博士先得说服那些搞物理、搞科学计算的科学家，把 AI 国产框架软件用起来。

即使被轰出去，他也能刷工卡再进来，于璠团队有时间说完来意。

那些物理实验室里的科学家先被他的勇气震惊了，神色各异，接着皱起眉头：一个计算机专业的博士跑来物理实验室，“妄图”说服物理学博士，用 AI 方法来搞物理。

抛回来的问题很朴素：“不是不给同事面子，我们都想知道，你真的懂物理吗？”

虽然均为博士，但此博士，非彼博士。

高手与高手的对决，总会先对彼此所擅长的领域表示尊重。

敞开大门，召开会议，狂聊几十篇电磁方面的学术论文，于璠博士团队居然不露怯。奥秘在于开会前几夜，他们反复研读论文，并且熟烂于心。

说服的前提往往是获得对方的尊重。在此之前，当事人也记不清碰了多少次壁。人人都有知识边界，有时，就是要被逼着拓展边界。

这个名为“电磁仿真套件”的项目自2020年年底开始，一番“进步神速”后，项目犹如一颗石子，激起公司电磁仿真实验室水面的水花，荡开涟漪。公司的物理科学家们从表情复杂，到眉头舒展。

对于这场在公司“电磁仿真实验室”里发生的“遭遇战”，两支团队终于默契并肩，浴血奋战。团队成员的心声是，如果一场战斗打不下来，那就“打”两场。

第一场，“画网格”，科学计算先要画网格，这是一件很有技术含量的事，这家公司物理仿真实验室的科学家熟悉，这也是“科学计算”的日常操作。

越日常，越有妖。同事们弯腰碰头，小声商量：“万万不可小瞧。”

第一步，先理解什么是“画网格”。

为了描述一个自然现象，应用数学家为此写出微分方程，微分方程能准确地描述人们想要知道的现象，这也叫建立模型。

微分方程非常复杂，基本上无法找到精确解。于是，退而求其次，算出“近似解”。但是，“近似解”和“精确解”之间的相对误差不能过大，这里需要理论证明，好让人信服。

与此同时，将求解区域划分成一个个格子，也就是画网格。若一个算法能通过加密网格的点数来让精确度提高，那么，这个算法就是收敛的。

说起画网格这事儿，工业界泪流满脸。

工业现代化大踏步前进，可是，画网格还是半手工程序。网格生成技术，需要人们十年如一日地钻研。那些手艺精湛的资深工程师，非常注意经验积累和直觉洞察，“纯手工”调整软件生成的网格。

数学家会说，“画网格”要想实现真正的突破，得用到深刻到普通人无法理解的数学理论。

没有突破，画风凄惨，画网格的时间和后面计算的时间，甚至各占一半，就算说画网格的时间占了七八成，也是有的。再把时间成本和经济成本加在一起就更多了。

维密天使时尚内衣秀，模特腿上的网格袜有粗有细，那科学计算里的网格是画粗，还是画细？有什么讲究呢？

网格画得越细，计算耗时越长，精度越高，但是计算量大得让人难受。计算量那么大，大到人们自然而然地想到用集群或者分布式服务器。

糟心之处在于，迭代计算很难拆开进行。

当从迭代计算走向并行计算时，困难不仅多，而且还是俄罗斯“套娃”，打开一个，又发现一个。

但 AI 方法，通过采样的方式避免了复杂的网格划分。

第二场“遭遇战”，技术难度直接爆表。

解偏微分方程，很难给出解析解。想要计算，需要数值迭代。情况就是，当手机工况发生变化时，又得从头计算。

从头开始，就是恶梦一场。

用天气预报来解释，比较好理解。

AI 模型弄好以后，幸运的话，每次只需要推理计算，性能便能大幅度提升。比如，你任意输入时刻和地点，就可以得知天气情况。“小姐姐”想知道北京的天气，“技术小哥哥”就在一台计算机上调用这个 AI 模型。

先输入北京，再输入具体时刻，模型运行一次，就能给出天气情况（比如降水量是多少）。

在另外一台计算机上，调用 AI 模型，输入上海，未来两天的降水量，就算出来了。

北京晴，上海雨，一算便知。

原来要把全国的天气情况都算出来（得到近似值），才能知道各地的天气情况。

凭这两点，AI 征服了全球很多科学家，论文成果大量涌现。但是看论文好比在山崖绝壁间眺望，论文是公开的，像对面的山崖一样看得见，问题在于，看得见，不一定跨得过去。

技术水平很重要，真实场景也很重要。

手机的实验室就是“真实场景”，于璠团队从阅读学术论文开始，在真实场景下对论文的结果进行详细的、一步一步的分析与验证，摸索着，走自己的路。

虽然 AI 深度学习理论基础不是特别牢靠，但是，共识是它能拟合任何函数、任何规律，照理说，只要数据足够，它都能学得会。

“电磁套件”项目于 2021 年 9 月结束，于璠团队为大幅提升手机电磁仿真性能欢呼。

原理有幸了解到了，这里简单说一下。

设计一款新手机需要不止一次调整手机结构，一张手机设计图纸会迭代很多次。就是那种上面画着“这块放什么”“那块放什么”的图纸。

要依据设计图纸去计算电磁场的值。但是，每调整一次，就要重新计算一次电场磁场是怎么分布的。原因是，寻找手机信号最好的手机结构需要计算。以前的做法是，先画网格，再用有限差分方法计算。有了 AI 方法，无论手机的造型变成什么样，长的，圆的，扁的，它都能迅速计算出手机电磁场。单次仿真时间从小时级降至分钟级。

市面上大部分的软件仅仅解决算法问题，而于璠团队做到了，将“工具”作为一个“组件”，嵌入电磁仿真流程。

原来用传统整套软件，要在软件上先画手机工况图纸，再画网格，下一步从软件上选一个算法，点击仿真计算，计算结束后，再把图纸输出到可视化界面上。

出于对别人工作的尊重，于璠团队不想打破物理仿真实验室原有的工作习惯，于是来来回回研究了原有流程，希望 AI 做完的工作，可以被无缝“放入”原有工作里。

这也是截至目前，为数不多的，没有停留在论文上，而是从高端实验室走入寻常百姓家的成功故事。

这个软件被称为“电磁仿真套件”，英文名里带有“Elec”一词，它被安装在国产计算厂商 AI 框架中。

有了它，物理学和 AI 的“次元壁”被打破。

跨界合作的时候，“1+1”是一个大数，“1+1+1”是一个更大的数。这背后的意思是，每增加一个重要合作方，都是在引入新的变量。

不确定性增加，风险和难度都在增加。

这一战，于璠团队尝到了甜头，有了甜头就更容易坚持下来。

否则，怎么坚持到有“学术圈”实验室的科学家愿意合作的那一天？

5.

北京大学门口，保安一把拦住想进校门的人，压迫性地问出三个问题：

你是谁？从哪儿来？到哪儿去？这是人生的根本性问题。

北京大学，未名湖畔，微风细细，G 教授边跑步边思考分子模拟领域的根本性问题。这是一个非常健康的科研习惯，只有 G 教授心里最清楚，如果不思考，那几公里可能跑不下来。

琥珀色的时光里，1990 年代的他获得了全额奖学金赴美留学，分别在美国加州理工学院和哈佛大学进行博士、博士后研究。

G 教授开玩笑说："美国的大学没有问我要学费，要的话，我也没有。"

留美任教一段时间后，他回到北京大学。

G 教授目前是 G 教授课题组的"主帅"。他说："科学研究好比置身迷宫，摸黑行走。没走通之前，你永远不知道是否可以走通，你也没法总结出走通的办法，因为你得到的是冰冷的失败经验。"

这一番话让人意识到，在科学研究里，失败之后，等待你的也许是下一次失败。

当失败成了必修课，在一支搞科研的队伍里，鼓励便永不嫌多，学生的鼓励给老师，老师的鼓励给学生。就像一群人擎着火把走夜路，你那一束光照着我，我这一束光照着你。

鼓励闪烁在 G 教授的眼睛里。聊天的时候我就能感受到，否则，我很难写下这一万多字。

他的学生们大多是化学科班出身的，沉醉在科学研究中的"课题组"有一股"疯狂科学"的味道，他们疯狂地阅读生物学的专著和文献，疯狂地开发科研工具软件。

一面把知识边界拓宽，拓宽，再拓宽。

一面把科研工具打磨，打磨，再打磨。

可怕的是，当科学遇上人工智能，科研工具就会面对“大规模训练”的难题。

讲句开玩笑的话，长此以往，年轻科学家哪还敢加入“G 教授课题组”？科学家需要支持。然而，在科学领域寻找合作者，是在“有限”中寻找“有限”。此事，于璠博士深有体会。

彼此期待的人总会在人生的路口不期而遇。

于璠博士和 G 教授第一次相识，是在一个会议上。初次见面，很是拘束，没有碰撞出什么火花。

然而，命运的指挥棒很快把他们安排在同一辆机场大巴上，在前往深圳机场的路上，座位挨着，于璠博士和 G 教授第一次挨得如此紧密。

听说接触能拉近心灵距离。于是，于博士了解了 G 教授的科学构想，G 教授认同了于博士的软件思路。

G 教授说：“我喜欢讲科学，重要的一点是人家乐意听。”

在飞机展翅冲上万米云霄前，一个美好的故事开始于机场高速公路。

勇闯迷宫，必有一款称手的“工具”。“分子动力学模拟软件”是 G 教授课题组必用的一款软件。

这也是一款科学计算软件，说白了，就是模拟分子怎么“动”和如何“变”。

这种应用软件，底座很重要，也就是说，用什么基础软件来实现很重要。现在无论是分子动力学，还是蛋白质折叠，AI 方法都很重要。也就是说底座既能支持科学计算，又能支持深度学习。

AI 基础软件一向踪迹诡秘，难以理解，重要性上一点都不比 AI

芯片差。若想拨开这团浓雾，看清 AI 基础软件背后的风起云涌，先要明白蛋白质为什么要折叠，再要理解 AI 如何在蛋白质折叠领域辅助科学创新，两者缺一不可。

第一波科普来了，我“先干为敬”。

在生物学里，有一条包含着沉思和哲理的名句：“序列决定结构，结构决定功能”。不同的氨基酸序列会形成不同的蛋白质结构。

为了讲清楚序列和结构，我们引入毛线和毛衣的比喻，蛋白质有三级结构，用一条毛线代表蛋白质的一级结构。这条毛线上的每一个位置就是一个氨基酸。一条毛线“变成”一件毛衣，不同花纹的毛衣，就是不同功能的蛋白质。

也就是说，蛋白质的三级结构（毛衣）才是能发挥功能的结构，不少蛋白质要凭借正确的折叠和构象才能正常发挥功能。仅仅是一条毛线的时候，蛋白质的功能没法实现。

那么问题来了：

第一，毛线如何变成毛衣？

第二，毛衣何以织得这么快？

一个人摇晃一条毛线，晃上宇宙形成的时间，也晃不出一件毛衣。可是，毛线自己会变成不同花纹的毛衣，也就是从蛋白质一级结构变成三级结构。

毛衣上不同的花纹代表蛋白质不同的功能，预测一条毛线会变成什么样花纹的毛衣，这就是预测蛋白质的结构。

蛋白质主链上的每一个位置就是一个氨基酸，主链连着次链，在三维空间里形成的结构，是蛋白质的三级结构。它本身有几乎无穷多种可能性，那怎么找到这个结构？

从一张集体照片中找到一个人，得知道长相。从分子水平上了解蛋白质的作用机制，先得知道“构象”。构象是空间里粒子的几何排布，简单说，就是粒子的排布。

（注释：全原子模型下，粒子指的是原子。但模型可以不同，粗粒化下，粒子可以是多个原子的组合。）

构象是随机的，做分子动力学模拟是在这个空间里去找“想要找到的和有用的东西”。这个“找”的动作和过程，叫作“构象搜索”。

当我们用微观的方式描述客观世界时，像蛋白质这样的分子，构象空间非常大，是一个天文数字。“一条毛线变成毛衣，到底变成哪一件”这件事就是在一个非常大、非常高维的空间里，寻找一个非常小的点，这很困难，甚至比“大海捞针”更难。

在大海里捞一根针只是在三维世界里打捞。蛋白质的构象空间是几万维、几十万维的，寻找的难度更大。是否能找到？如何找到？这些本质上都是搜索问题。过去，找到正确构象的方法，主要是实验（experiment）。

折叠的时候，蛋白质从一个自由的链开始，可能不是沿着某一条路折下去的，或许走到一半，转个弯再走下一条路，又或许不是沿每条路都会到达终点。

虽然条条大路通罗马，但是路太多就成迷宫了。

如此复杂的关系让科学家深陷迷宫，需要一个能处理特别多参数的优化器。而这个优化器，可以考虑用 AI 框架实现。

第二波科普时刻到了。AI 在蛋白质结构预测这个“伟大”问题里，如何发挥作用？

一件新毛衣，碰脏会心疼。这里就不讲一天一个生活小技巧了。这个场景对理解“序列对应结构”很有帮助。

拿来一条红色长毛线，织成一件猫脸花纹的红色毛衣。一不小心，毛衣上的“猫鼻子”被碰脏了，污了一块显眼的蓝色痕迹。此时，再把毛衣拆成一条红色毛线，可以在这条红色毛线上的不同地方，找到两处蓝色污点。

据此，推测这两个点原来是否被织在一起，比如都在猫鼻子上。

道理简单，科学活动干起来却很复杂。

科学家辛辛苦苦做了大量实验，把掌握的知识作为已知信息（已知关系），也就是“氨基酸序列到蛋白质结构”的对应关系。

“对应关系”在学术论文里的原话是：“蛋白质分子在分子层面上体现了蛋白质结构与其功能之间的显著关系。”

在蛋白质结构预测里，人们希望从氨基酸序列“对应”到蛋白质结构上，如此这般，从一个序列就能得到一个结构，简称“序列对应结构”。

这里有两个基本条件：其一，在生物进化中，有很多相似的序列；其二，在这些相似的序列中，有一些氨基酸是保守的，而且是成对保守的。

巧就巧在“成对”这件事上。

假如一个氨基酸在蛋白质序列的一个位置上发生突变。好巧，另一个位置也高概率发生突变。这意味着，两个“点”很可能会在三维空间里有“关系”。

这时，可以把“深度学习模型”理解成一个“侦探机器人”，专门探查“关系”。

找“关系”，就是在给出位置序列的时候，去找哪些氨基酸序列项对应哪些结构。把这两个“已知”同时输入“侦探机器人”，学习并找到“关系”，预测出一个比较准确的位置序列，以及应该是一个什么样的蛋白质结构。

这时候有点《名侦探柯南》那味儿了。换种说法，就是给出一个“氨基酸序列”，在 AI 框架上，一顿猛如虎地计算，预测出一个想要的蛋白质结构。

也有位科学家告诉我，这样表述太粗暴，确切说法是：“这个 AI 算法融合了生物学和深度学习的多模态算法，导致模型的训练和推理都极其复杂，极少有 AI 框架能把这个算法训练得收敛，若想提高性能，就更难了。”

这时候，用 AI 框架的人，“专业知识含量”得高，得对蛋白质的结构了解很深，有多深，至少得是一个博士研究生的水平。

科学计算与深度学习的底层软件可以完全一致。这也是国产 AI 框架安身立命的根本。在此之上，AI 框架还要做到好用，能够“统一编程”，能够“不断提升开发效率和性能”，这谁不高兴呢？

我直接问过 G 教授，这种“跨界”活动，或者说“跨”多个学科的科学工作，如何能够有序进行？

一方面，队友提出问题时，得能把问题数学化。数学是桥梁，把化学、生物学专业内容变成数学公式（方程），具有计算机背景的队友再把“方程”转化成“可编程的模块”，就打通了。背后的数学都是一样的，只是求解的方式不一样。

另一方面，和学计算机的队友解释生物学和化学问题的时候，不再说氨基酸有什么性质，带多少电荷，有什么生物功能。而是以应求的模型的方式来解释，变成计算机背景队友可以读懂的“语言”，队友慢慢吸收生物学、化学等专业知识。

五个手指虽不一样长，却也可以快速攥成一个拳头。

跨学科的问题已经够让人难受了，各个学科所用的工具又不同，这下，难度又上了一个台阶，怎么办？

用物理学的原理与方法研究生物学问题确实是学科交叉。然而，G 教授眼里没有不同的学科，要想把物理学、化学、数学等多种不同学科的知识整合，最主要的就是理解这个问题的科学本质。

只要理解问题的科学本质，学科的边界消失，工具就会被找到，不同学科对应工具库里的不同工具。

最终，G 教授课题组将自研分子动力学模拟软件部署在国产 AI 框架上。科学家们滑动鼠标，敲击键盘，"势能最小化""势能函数"等硬核工具任你使用。

当底层软件具有强大的通用能力时，科学家就不需要重新开发了，可以在前人的基础之上开发新功能。从一个科学家能用，到更多的科学家在用，这款国产软件才有希望。

科学家负责"建设"科学套件，国产计算厂商团队负责底层的基础软件，各司其职，光阴不虚度。

这支联合团队接下来又持续发力。

2021 年 4 月，分子动力学模拟软件发布。

2021 年 9 月，全球最大的蛋白质比对数据库开源，这是蛋白质预测的基础工作之一。

2021 年 11 月，蛋白质推理工具开源。

2022 年 3 月，蛋白质折叠训练代码发布。

痛苦越浓烈，胜利越"上头"。胜利，给人以信心。连续的胜利，给人以连续的信心。

2022 年 4 月，跑在国产 AI 框架上的蛋白质结构预测模型，在全球蛋白质结构预测竞赛 CAMEO（Continous Automated Model

EvaluatiOn）中获得第一名，且连续四周保持排名第一。

由瑞士生物信息研究所和巴塞尔大学联合举办的蛋白质结构预测竞赛，被认为是蛋白质结构预测领域最重要的比赛之一，其分数和排名每周都会进行在线更新。

每周出一次成绩，想想就刺激。更刺激的是，有很多中国科学家想超过谷歌，而谷歌是一个十分强大的对手，想在指标上超过谷歌，这听上去像是吹牛。

AI搞科学不是吹牛，中国科学家们沉默地努力着。

一个好用的科研工具，分分钟能上手。奇妙的自动微分系统，自动并行等工具，让科学家们用起来得心应手。于璠团队，乃至国产AI框架团队，他们想干的事情是，给科学家们提供一个坚实的底座。

在此之前，中国缺少自主研发的分子动力学模拟软件。中国科学家即使有创新的科学方法，也要把代码写在外国的软件上。

今时今日，泱泱大国，有时候，即使世界上已有轮子，自己造也有一定的必要。

中国科学家的“分子动力学模拟软件”跟AI框架融合，有诸多“好处”。这里不得不举一个例子，才能说清楚什么是“好处”。

过去，用软件描述原子相互作用力场非常复杂。

现在，依然非常复杂。

世事不难，吾辈何用，科学家已有对策。力场是一个模块，可以换着用，可以用传统的分子力场，也可以用深度学习方法产出的力场，还可以混起来用，像游戏里换装备一样。

这种做法，借鉴了游戏的设计思路。把游戏里的“骚操作”融入“科研工具”，还天衣无缝。一看就知道这位年轻科学家至少有十年的电子游戏经验。

面对困难，鼓励和认可是一种“电力”，“用爱发电”也不过如此。我直接问过G教授，他对于璠团队的评价是：“他们肯吃苦，他们有干劲，他们肯投入，他们爱学习，和他们在一起工作，像和一群年轻的科学家们一起工作。”

这句评价，于璠团队应该是在本书中第一次看到。工作起来“来电”，干起活来就会心情舒畅，工作就会顺利。

这种“来电”还体现在从项目成立至今，早上九点，于璠团队会整齐地坐在会议室里，同一时间，G教授课题组的科学家们也齐聚于会议室，连接他们的是网络信号，无论寒暑，未曾中断。如今，中国科学家们在国产AI框架上构建AI生物计算套件，这个套件里的“先进武器”非常丰富——蛋白质折叠、靶点发现、分子对接、分子动力学、ADMET。

未来会更丰富。

好消息不止这些，以前的科学计算工具搞不定疾病治疗、预防、诊断等一套完整流程。虽然这些事情确实可以分别在多个软件平台上完成，但是，借着“AI版”科研工具变化的“东风”，为什么不放在同一个软件平台上？

做事讲究乘势而为，科学加人工智能是一种势头，从基因到药物，用AI框架把每一环“连”起来，形成一条通路，这条生物实验室直通制药企业的通路就能被打得更通。

中国需要一个很好用的AI基础软件，在全过程里加速。这事儿似乎和创造一个美好的世界有了关系。

科学距离普通人，竟如此之近。

6.

从广泛的意义上来说，科学是研究大自然现象及规律的学问。

物理学的原理、机理，从最微观的尺度，到我们所能看到的最宏观的尺度，都是由方程来驱动的。为了描述一个自然现象，科学家大牛们使用简洁的数学原理，如微分方程。

微分方程能准确地描述人们想要知道的现象（情况），这一步也叫建模。

画家描述世界靠“绘画”。科学家描述现象靠“方程”。

不是所有的方程都适合用计算机来解，计算机有其适合的计算方法和技巧，因此有了科学计算。

所谓的科学计算，就是解这些方程，对方程做各种各样的数值模拟。比如，冯·诺依曼和尤拉姆合作创造了著名的蒙特卡罗方法。

把要求解的数学问题转化为概率模型，在计算机上实现随机模拟获得近似解。二十世纪 60 年代，冯康先生独自创立了有限元方法，属于世界最早之列。

有限元方法意义重大，贡献已为全人类所共享。

他曾形象地总结了有限元方法的巨大作用：“求微分方程的定解问题好像是大海捞针，成功的可能性微乎其微，但进行有限元离散后，寻求近似解，就好像是碗里捞针，显而易见容易多了。”

AI 是一种方法，一种工具。

AI for Science 里的 AI，它最大的“战斗力”就是参与到科学计算以前的各种瓶颈环节，用人工智能（或者说机器学习，更多时候就是深度学习）来帮助我们在这里面做各种各样的建模和数值模拟。

无论是像有限元这样的科学计算方法，还是像深度学习这样的 AI 方法，都可以用来搞科学（for Science）。

科学关乎本质，这里也补充两个本质问题。

蛋白质折叠问题已经“解决”了吗？科学家们认为这样的问题不再有意义。蛋白质折叠现在已经成为一个巨大的、不断增长的、多种多样的研究领域。它是一个包含了物理学、化学和生物学的多学科领域，比任何一个个别的领域都要宽泛。一些旧问题能够带来更多的新问题。

国产科研工具基础软件的问题已经“解决”了吗？问题正在被解决。中国需要 AI 框架，或者说 “AI 时代的操作系统”，需要一款基础的、开源的 AI 底层软件。这让中国数以万计的科学家、开发者跃居其上，潜心锻造，数之不尽的物理学、化学、生物学等科学领域的计算工具欣欣向荣地生长。这些分门别类做事的工具形成一个巨大且丰富的生态。

把 AI 和科学领域的计算融合在一起，放在同一个国产底座上，为的是把科学的理解推得更深更远，也为的是让产业有一个可靠好用的工具。

时间俘虏一切，从二十世纪七八十年代到现在，几十年过去了，软件包 LINPACK 中使用的数值方法有了一些新的进展，但用处少了些，也不能说被淘汰了，在一些场景中仍在使用。无声之中，新工具在拔节生长。

可以肯定地说，AI 这一方法对当今科学计算领域的研究范式已经产生了影响。

人类智慧不断催生伟大创造，迎合时代刚需的创造迟早诞生，观察它的威力则需要时间，用好它的长处也需要时间。《冯康传》里有一句话：“一个正确的方向在知识迷宫中的作用，怎么强调都不过分。”

有了方向，就有了光。真想看看，有了 AI for Science 的世界，到底是一部烧脑片，还是一部史诗片？

第4章

搞AI框架的那群人(四):AI框架前传,大数据系统往事

好久之前,“谷歌三驾马车”冲出大数据起跑线,声震寰宇。如此一来,微软公司定不会枯坐板凳。依稀是在2006年,微软秘密武器项目的内部代号在小范围里传播开了,叫“宇宙(Cosmos)”。

要知道,在微软内部,代号是身份的象征,只有足够重要,才配拥有代号。

“宇宙”一词,也暗示着微软的雄心,尤其是造一款基础软件,赳赳气势,必不可少。

Cosmos是什么?这个问题,鲜有人知,它是微软闭源大数据系统软件产品,或者说是微软的“大数据平台”,藏身于“必应”搜索服务背后。必应是微软公司的搜索服务。

我们从微软大数据系统Cosmos早年的那些人和事讲起,思考大数据系统对AI框架的影响和启发。

AI时代,大数据系统和AI框架是必备基础软件,计算机系统级软件。产业正在经历大数据和AI一体化,竞争还会持续,市场仍有空间。

抛却光环，再细看大数据系统软件，让人不由喟叹：大数据系统软件如此多娇，引无数英雄竞折腰，图灵奖获得者，分布式系统世界级专家，操作系统专家参与其中……比如代号是“红狗（Red Dog）”的项目，这是微软云计算的起点。

“亲爱的数据”探访多位微软内部人士，他们的观点均是：

“微软必须有自己的大数据文件系统，从出生时间上看，那时候云计算还没有准备好，Cosmos 偏内部使用，没法直接作为企业软件去占领市场。但是，毫无疑问，Cosmos 在那个时代肯定是成功的，是划时代的。”

大数据文件系统以“通过普通服务器实现多副本存储”为特色，这一思路在那个时候被确立，影响至今。

谷歌有了“硬实力”，微软也得有，且微软要以自己的方式，回应“谷歌三驾马车”带来的冲击，其中最有力的回击就是 Cosmos。

事实上，Cosmos 虽然低调，但不负众望。

Cosmos 为了解决“必应”面临的问题而生，历尽磨砺，最终成长为“必应”的基础设施。

当 Cosmos 还处于一个内部秘密项目形态的时候，便左手一位大神，右手一位大仙，吸引了很多重量级人物加入。本节篇幅有限，不能一一盘点。

其中最著名的人物有两位。

其一，周靖人，微软研发合伙人，曾在微软雷德蒙德研究院任职，后来担任阿里巴巴集团资深副总裁。

其二，迈克尔 · 伊斯拉德（Michael Israd），曾担任微软硅谷研究院的高级研究员，也是一位大神级别的系统软件专家。必应的秘密武器 Dryad，从论文到实现，均出自他和他的团队之手。Cosmos 是迈克尔·伊斯拉德胸前一枚闪闪发光的功勋章，骄傲一生。

后来水流山转，他离开微软，去了谷歌。

坊间流传，迈克尔入职之日，杰夫·迪恩（Jeff Dean）亲自在谷歌大楼里等他。抛开坊间说法，事实是，迈克尔在谷歌确实与杰夫·迪恩一起工作。

谈 Cosmos，绕不开 Hadoop。可惜，不少错误观点认为，Hadoop 这头大象是微软必应 Cosmos 的竞争对手。

然而，并不是。

Cosmos 起步之时，著名的大数据存储与分析系统 Hadoop，还没有出生。微软单眼闭目屏住呼吸，在长枪准星里，瞄准的不是 Hadoop，而是谷歌。没法子，心里太在乎了。

具备同等规模和技术水平的企业，面临的问题往往都一样，谷歌和微软的日志文件都越来越多，要想管理得动一番脑子。

肉眼可见，必应团队 Cosmos 项目组里，高手云集，跺跺脚，地动山摇。项目中最先启动的是存储系统。大神们先是解决“如何存储互联网上的海量数据”的问题。随后，存储系统问世，后续发展为 Cosmos 存储和查询系统，日后越发强大。Cosmos 支撑了微软的“半壁江山”，成为微软数据中心的一级底层基础架构。

重点要再总结强调一遍，没有必应当年夯实基础，微软就缺少一股从传统软件公司过渡到云计算厂商的底气。

Cosmos 是底层软件，实力强，业内毫无争议。只可惜，不开源，名气平平。2008 年的时候，还在引发法界猜测。

连 Hadoop 的创始人之一道格·卡廷都公开对媒体说：“微软公司没有用开源软件，他们正在做一套非常相似的技术，外人并不清楚。”

Cosmos 虽然比谷歌公司做得晚，但也没有晚太久。

Cosmos 抱着狂飙不能踩刹车的态度，拿出了“老司机”的水平，而车速的背后是微软高层的高度重视和令人艳羡的人才储备。

那时候必应团队的领导者，大家都很熟悉——陆奇、沈向洋。

细数投入力量，必应的这个 Cosmos 项目至少有三个研究院都参与了：微软硅谷研究院、微软雷蒙德研究院、微软亚洲研究院。

故事背景总算交代完了，人物终于登场。

坐标北京市海淀区丹棱街 5 号，微软亚洲研究院的所在地，林伟忙着做系统软件。他有着低沉的中音，全身上下的打扮不想有任何一点惹人注意，可是，头发茂密又蓬松。他好像不喜欢把头发剪得很短，头发常常盖住额头，但又遮得不严实，眼神的光从刘海的缝隙中透出来，想要捕捉宇宙的粒子。

林伟所在的组，就是传说中的 STC 组，这是一个英雄辈出的组。

当时，林伟在微软亚洲研究院周礼栋博士的团队中做一个分布式存储框架项目，名叫 PacificA（太平洋）。这个高起点让旁人羡慕。

因为太平洋（Pacific）的两岸分别是亚洲（Asia）和美洲（Americas），这两个单词是以大写 A 开头的，所以，分布式存储框架项目 PacificA 的英文名中，字母 A 要大写。

细数团队成员，有微软亚洲研究院的杨懋、林伟，微软硅谷研究院的周礼栋和 Zhang lin tao。

较早之前，周礼栋博士就在微软负责大规模分布式系统研发，是微软在这个领域的重要带头人。日后，他成了微软亚洲研究院掌门。

PacificA 的产品化是微软亚洲研究院系统组的首个项目，按理说，大数据只搞定存储远远不够，后续还有很多工作。比如，为了挖掘大数据的价值，大数据分析引擎将会是关键。

可惜，它后来并没有往通用的方向发展，让人惋惜，林伟内心自然是有几分失望的。也是在这时，在周礼栋博士的引荐下，林伟认识了能影响自己一生的“良师益友”，周靖人。周礼栋博士在来到微软亚洲研究院之前，曾在微软硅谷研究院工作过，和微软美国团队那边上上下下都比较熟悉。

自此，林伟一头扎进 Cosmos 项目的 Scope 组。

透过三层玻璃的飞机窗户，白云下面是太平洋。2009 年，林伟的工作地点，从北京到了西雅图。

只有战时阵地才需要最先进的武器，假如旧兵器够使，谁玩命造新的？那时候，历史迎来了微软要和谷歌在搜索市场上白刃相见的时期。

恰逢战时，迈克尔·伊斯拉德博士就推荐了他心心念念的“先进武器”——Dryad。那时候，用“业界最先进”一词来形容 Dryad，恐怕也不为过。

再往前稍稍回顾，早在 2007 年，以迈克尔 · 伊斯拉德为首的研究团队发表了一篇论文，宣告“Dryad”问世。转眼间，Dryad 从一纸论文，变成了 Cosmos 咆哮的执行引擎，马力十足。

这里要插播一段讲解，Dryad 是什么？其先进之处如何体现？

记住这个软件的名字，恭喜你学到了一个希腊冷知识，记住了一位希腊神。微软似乎有用希腊神命名产品的传统，这样的例子有很多，Dryad 是其中之一。谈到 Dryad，对计算机知识密度的要求就开始让人窒息了。

Dryad 是一个分布式执行框架，用于大规模数据并行计算。

论文标题是《Dryad：源自顺序构建模块的分布式数据并行程序》（*Dryad：Distributed Data-parallel Programs from Sequential Building Blocks*）。

它的设计思路是，整个系统支持一个有向无环图（DAG），在图中每个节点上定义计算，连接节点的边有方向，代表了数据的流动方向，有点，有边，有方向，数据从起点“流向”终点。

谈到这里，我们还不得不好好讲讲“秘密武器”Scope。也就是前文提到的，林伟加入的那个组。Scope 的全称是 Structured Computations Optimized for Parallel Execution。

准确地说，Scope 是在 Dryad 上再封装一层，提供一个高级查询语言。在管理组织架构上，Scope 组也成为 Cosmos 项目下设的一个组。

那么问题来了，Scope 用在哪？

每天，在微软帝国的数万台机器上，Scope 都被用于各种数据分析和数据挖掘应用，为必应，为其他微软在线服务默默地提供支持。

此后，微软必应为了让 Dryad 在 Cosmos 里稳定运行，优化了可能造成性能瓶颈的各种地方，花了大把精力。这也就突显了周靖人所带团队的重要性。

周靖人声望很高，但很少有人知道他的技术背景，他是优化器领域专家，优化器是系统自动化的核心。正是周靖人把系统化优化的理念带入大数据计算。

这时候的林伟是直接向周靖人汇报的“独立开发者”，他不带团队，不限制工作地域，可以做所有的模块，可以和不同的技术团队打配合，林伟有机会在 Cosmos 项目里畅快淋漓地冲锋。

优美的软件会被人遗忘，但优美的软件设计思路不会，Cosmos 的设计思路沿用至今。

谷歌的确风头无二，而微软的体面在于，只要 Cosmos 在，微软的颜面就在。并且，有了 Dryad，微软彻底摆脱了 MapReduce。

难道是 MapReduce 不行吗？从某种程度上来讲，微软没有瞧上 MapReduce，瞧不上，源于用不上。对于复杂的任务场景来说，MapReduce 的性能就不行了，而且问题接踵而至，比如说稳定性差。

服务器从一千台增加到两千台，难题一大堆，从二千台增加到三千台，难题又一大堆。

工业界做存储系统，最讨厌的就是迁移。在一个没有数据的存储系统里，一切都好说。如果某高校软件专业学生的毕业论文是做一个存储系统，那可以从头写一个，写多少遍都行，导师高兴地打出分数，热烈祝贺学生学业有成。而那种装满了数据的存储系统，用户数众多，业务耦合，连夜噩梦，“今日 996，明日 ICU”。

边哭泣，边等待，MapReduce 迎来了春天。

把编程难度降下来了，接口还简单，MapReduce 一下子就火了。Map 一脚，Reduce 又一脚，MapReduce 猛然踢出的脚法，把易用性踢上去了。

群众高喊欢呼，MapReduce 一统天下了。

算一道简单的数学题：即使 MapReduce 单机系统性能慢一百倍，那又怎么样呢？用一千台机器不就快十倍了。那些坐拥服务器超大集群的互联网企业都不在乎 MapReduce 的缺点。

有了 MapReduce，沉闷的世界里似乎多了欢声笑语。易用性的甜头，不少人都品尝到了。

甜食吃多了，唯一不爽的是担心长蛀牙。

易用性提高，唯一不爽的是性能倒退了。

于是，微软想提高性能，就推出了 Dryad。

可惜，Dryad 把编程难度又拉高了，易用性灰飞烟灭。斯人仰天长啸："为什么永远得不到我想要的？"因为你既想要高性能，又想要易用性。

那怎么办？就在上面再搭一层语言吧，于是有了 Scope。Scope 的优点使得大家不必局限于 Map 和 Reduce 这两套脚法。

曾有微软员工戏称："那批非要和 Cosmos 打交道的人，因为 Scope 的存在，又要费事多学一门查询语言。"

细心的读者可能已经意识到规律了，按下葫芦浮起瓢，怎么办？这个问题后面会细细回答。

我们接着聊微软大数据系统后来怎么样了。

2014 年的某天，微软历史上沉痛的一天，决策层的会议室里，空气凝固成一堵高墙，微软硅谷研究院被砍掉了。

此间事了吗？不，江湖总会再见。

大佬们看了一眼曾经奋斗过的地方，最后一句可能是："保护好大数据系统软件的配方。"

当人们看到迈克尔·伊斯拉德、杰夫·迪恩、Yu Yuan、贾扬清等多位专家的名字一起出现在一篇谷歌论文上的时候，日历已经翻到 2015 年。

没错，迈克尔·伊斯拉德去了谷歌。无从得知是不是杰夫·迪恩亲自在写字楼前向他招手，但人们都承认，技术大佬总不缺去处。

提一句，那时候的 AI 框架还是无名之辈。这篇论文的标题是《TensorFlow：异构分布式系统上的大规模机器学习》。日后，我们每每提起，都会称这篇论文为"AI 经典论文"。

当日历翻到 2022 年，贾扬清是阿里巴巴集团副总裁，阿里云计算平台事业部负责人，林伟是阿里云机器学习PAI平台和大数据平台技术负责人。

那些计算机系统软件的大佬们在大数据系统和AI系统中，无缝切换，一搭一档，或者在多个AI系统中游刃有余。

我猜，他们一定是掌握了其中的秘诀。

那这一秘诀究竟是什么？

以前说："世间万物，并非越强越好，唯分寸最重要，讲究恰到好处。"

现在打一个响指，说："Balance（平衡）。"

在不同的场景下，计算机系统软件的平衡点也不一样，所以，每次重新出发，都要重新思考平衡点。本来分布式系统就已经很复杂了，加之分布式程序的编写也很复杂，性能与易用性，在复杂中不断平衡。

历史总是惊人地相似，大数据系统如此，AI框架亦如此。

规律不是线性上升的，而是螺旋上升的。

AI时代，深度学习训练模型需要引擎做分布式计算，算法工程师需要在分布式系统里面训练模型，那就写一个系统框架。

优秀的深度学习框架能够支持在任意分布式环境里面训练模型，性能还不会让人失望。TensorFlow的设计思路既贴合深度学习的计算特点，又能做好分布式计算。

一轮又一轮的历史经验告诉我们，论深度学习框架的好坏，不能脱离易用性和性能。一头是性能，一头是易用性，两头都很重要，不同的情况下，要研究平衡究竟选在哪一头。

在计算机系统软件中，在很精细的地方，结构设计得很优美，但这种优美的结构带来的复杂度使性能下降。

林伟认为，做大型计算机系统的人，就像滑雪者，面临三条雪道：

- 初级雪道，设计并实现一个能解决问题的系统。
- 中级雪道，设计并实现一个有生命力的系统，在未来五年都能生长。
- 高级雪道，边跑边“修”，有很多的业务跑在老系统上。

有人说，让系统停下再修。这，简直是做梦。

边跑边“修”，相当于“动手术”，这是精细活，不能动得太狠，妄想一次就把所有的“腐肉”挖掉，人可能会大出血，计算机系统就垮了。

当存储和计算连在一起时，情况就复杂了。林伟认为，边跑边“修”的痛，没有经历过的人，完全没有办法理解，只能“礼貌性”感叹。

知道能干什么重要，知道不能干什么更重要。痛苦倒逼着设计者在设计系统的时候预留下空间，把系统设计得更加具有可扩展性。

历史总是惊人地相似，大数据系统如此，深度学习框架亦如此。林伟认为，做深度学习框架的有两个派别，一派是从分布式系统入手的，另外一派是从算法入手的。

派别不同，思路不同。TensorFlow 属于系统派，而 PyTorch 属于算法派。

当“系统派”构建一个深度学习框架的时候，第一时间就在设想这个框架需要能从规模上很好地支持分布式，为系统扩展时刻准备着。

有的“系统派”以想得远见长，甚至希望构建一个能够像人脑一样同时对视觉、语音、语言等多种模型进行训练的系统。这可能就是 TensorFlow 这样的系统构造之初的想法。也就是说，深度学习框架 TensorFlow 一开始就考虑到了非常复杂的分布式训练场景。

如果不为“扩展”着想，一个大型系统搞了仅仅一两年后，发现扩展不上去了，那就相当于“完蛋”了。

然而，这种“为扩展着想”的设计思路，会令有些人困惑不解，甚至会被人抨击为“过度设计”。

只要活得够长，就一定会遇到尴尬的“场面”。TensorFlow 也经历了很长一段时间的“不逢时”，在那段时间里，算法模型的演进只需要数据并行这一种简单的策略就行，复杂的设计似乎显得很多余。

静心反思才能体会重点，而不是仅从某个狭隘的角度，把 TensorFlow 的思路草率归为“过度设计”。

林伟强调，在搞 AI 框架的那群人中，有一部分坚持站在已有开源框架的基础上做增量，以此为切入点的创新才最有价值。他们相信，历史不会重复已有的事实，但会反复重复已有的规律。

第 5 章
搞 AI 框架的那群人（五）：老师木解读 GPT 大模型

2020 年年中，一个“体格巨大”的算法模型诞生了，它刚出生就告知全世界：“我写的作文，几乎通过了图灵测试。”

那些第一次听说参数数量的人，那些第一次翻看实验结果的人，那些第一次口算增长速度的人，在彼此确认了眼神之后，一致的反应是：“Oh，no！大概是我疯了吧！不，是人工智能模型疯了吧！”同行迈出的步子，似乎要扯烂裤子。国内的人，感慨模型的超能力。国外的人，只觉得对这个模型的讨论太过热烈。“不仅会写作文，而且写出来的作文还挺逼真，几乎可以骗过人类，可以说几乎通过了图灵测试。”如果没有后半句话，你可能会误认为这是老师对文科生学霸的评语。

这个算法模型也超级擅长理科，还能辅导别人编程。“以前都是人类去写程序，现在是人类写一个人工智能算法，算法自己从数据中推导出程序。新的人工智能技术路线已经跑通。”

学渣，看破红尘，敲敲木鱼，念出乔布斯的名言：

Stay hungry, stay foolish.

反正养老就托付给人工智能了。

但这样的人工智能，需要巨额的资金，需要顶级的技术。科技巨头微软大笔一挥，千万美金的支票，拿走不谢。据测算，即使使用市场上价格最低的 GPU 云计算（服务），也需要 355 年的时间和 3500 多万元人民币的费用。

大明宫首席建筑师阎立本，收起画完《步辇图》的画笔，在呈给唐太宗李世民的臣下章奏中写道："用工十万。"千宫之宫，留名千古。全球顶级人工智能实验室，用金千万，三十一位研究人员，徒手创造了一个外表看上去擅长胸口碎大石的小 Baby。挪步震撼桌椅，哭嚎万马齐喑。这个超大的人工智能模型，名叫 GPT-3。早期的深度学习模型，参数量小，好比一个乐高玩具，每天被摆在办公桌上"卖萌"。如今的深度学习模型，参数量挑战底层 GPU 并行技术。好比同样是乐高模型，GPT-3 可以在北京市朝阳区三里屯当大型摆设，欲与大楼试比高。知乎问题："如何看和楼一样高的乐高模型？"网友回答："抬头看。"不抬头，只能看到脚丫子。一个正常大小的模型刻度尺，是无法测量绿巨人 GPT-3 的，得重新画一下坐标轴的刻度。

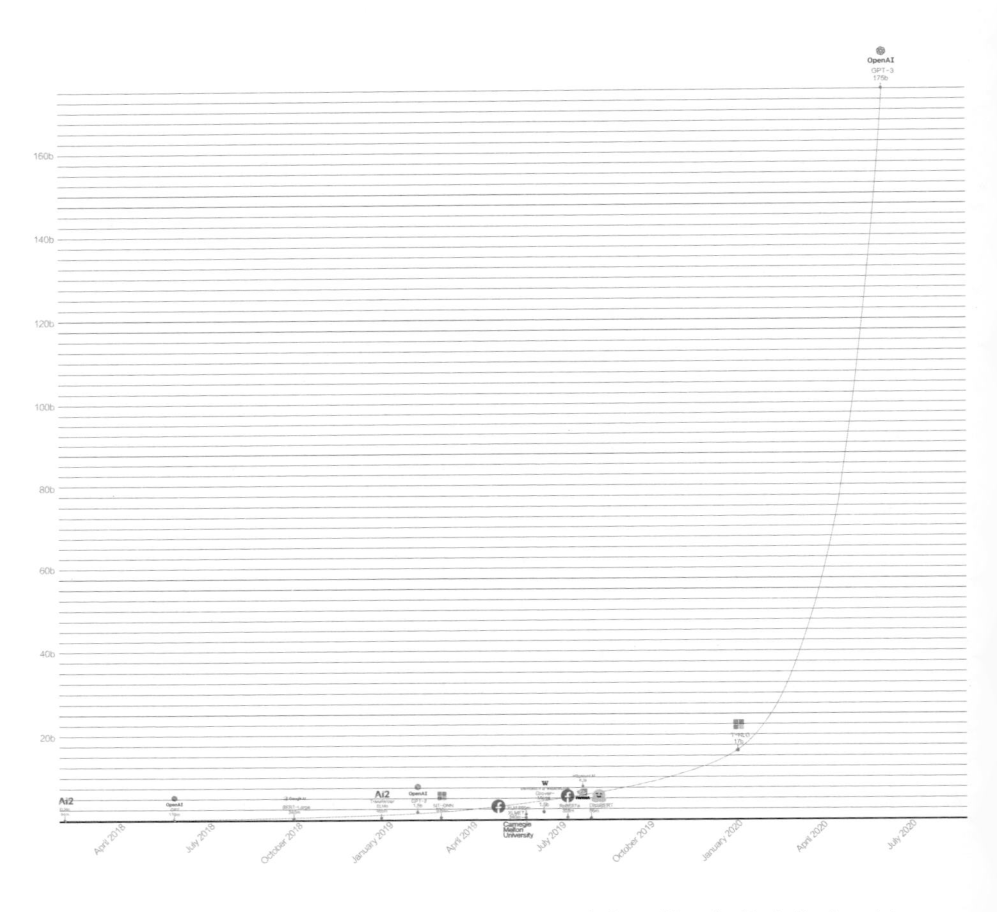

人工智能超大模型 GPT-3 和绿巨人浩克一样，都是大块头。经常观摩，可以治疗颈椎病。绿巨人 GPT-3 出生于美国 OpenAI 实验室。在看到自己的论文刷爆了朋友圈后，像他们这么低调的科研团队，一点儿也没有得意，只是在办公室旋转、跳跃，并巡回炫耀了 24 小时，而已。

早在 2019 年，OpenAI 实验室就发出“前方高能”预警。他们核算了自 2012 年以来模型所用的计算量，从 AlexNet 模型到 AlphaGo

Zero 模型。AlexNet 模型是冠军模型，AlphaGo Zero 模型是打败韩国围棋九段棋手李世石的那个，它们都是人工智能模型。参数指标很争气，增长 30 万倍。那些堪称“最大”的 AI 训练模型所使用的计算量，呈指数级增长，平均每 3.4 个月就会增一倍。这是 OpenAI 实验室的结论。

虽然还没有成为“定律”，但已经有很多人用“摩尔定律”和其比较。摩尔定律说，芯片性能翻倍的周期是 18 个月。OpenAI 说，人工智能训练模型所需要的计算量的翻倍周期是 3.4 个月。三个半月，一台计算机就不够了，得两台。掐指一算，“618 大促”买新的机器，“双 11 大促”又得买新的了。对于人工智能科研工作来说，金钱是好仆人。

如果你不知道 OpenAI，那要补补课了。

2020 年 5 月，美国自 2011 年航天飞机退役后第一次使用国产火箭从本土将宇航员送入太空，这也是民营航天企业第一次进行载人发射。马斯克就是这家震惊世界的公司的创始人。OpenAI 是全球人工智能顶级实验室，这家机构也曾获得马斯克的支持。

平庸的人，都是相似的；疯狂的人，各有各的疯狂。一个人工智能算法模型可以大到什么程度？

绿巨人 GPT-3 给出了新答案——1750 亿个参数。实话实说，模型创新程度很难用单个指标量化，但模型复杂度和参数量有一定的关系，模型参数量决定模型大小。

绿巨人 GPT-3 是什么？

它是一个超级大的自然语言处理模型，将其学习能力转移到同一领域的多个相关任务中，既能组词造句，又能阅读理解。听上去像小学语文课的内容。把这种（预训练）模型比喻为小学生，一年级的语文作业，组词和造句，它早就会做。你接手过来，给模型辅导功课，无须从头教起，接着教二年级的课程就可以了。

我们来看看绿巨人 GPT-3 的“参数”身价几何。

回首 2011 年，AlexNet，冠军模型，有 0.6 亿个参数。回顾 2018 年前后，BERT 模型，流行一时，有 3 亿个参数。绿巨人 GPT-3 的亲哥哥 GPT-2，有 15 亿个参数。英伟达的 Megatron-BERT，有 80 亿个参数。2020 年 2 月，微软的 Turing NLP，有 170 亿个参数。2020 年 6 月，绿巨人 GPT-3，有 1750 亿个参数。小学数学老师告诉我们：绿巨人 GPT-3 稳赢。连体育老师也得这么教。这时候，麦当劳对人工智能说，更多参数，更多欢乐。要想理解模型的复杂度，要回顾一下历史。

2015 年，微软发明的用于图像识别的 ResNet 模型训练过程大约包含 10^{18} 次浮点计算，模型参数达千万级。

2016 年，百度发明的用于语音识别的 DeepSpeech 模型训练过程大约包含 10^{19} 次浮点计算，模型参数达亿级。

2017 年，谷歌发明的用于机器翻译的深度学习模型训练过程大约包含 1020 次浮点计算，模型含有数十亿个参数。微软、百度、谷歌，仿佛走进了罗马角斗场，双眼充满红血丝。

拜托，哪有这么血腥，看看科技巨头的年度利润。人工智能本来就是贵族的游戏，哪个玩家没有几头健壮的现金牛。2018 年之后，人工智能模型在消费水平上进入了奢侈品俱乐部。LV 教父起身站立，鼓掌欢迎。要是俱乐部有微信群，奢侈品品牌掌门人会依次“拍了拍”微软、百度、谷歌。以下是一份预估的账单，更恰当地说，是奢侈品消费的账单。此时此景，人工智能超大模型，赋诗一首：

“训练想得意，先花一个亿。性能要凶猛，挥金得如土。”

人工智能算法模型“疯狂”增长的背后，究竟意味着什么？围绕这个问题，我采访了微软亚洲研究院前研究员，一流科技创始人袁进辉（@ 老师木）博士，他说了两层意思。

第一层，钱很重要。

袁进辉（@ 老师木）博士说道：“人工智能模型疯狂增长的背后，意味着人工智能的竞争已经进入军备竞赛级别。长时间使用 GPU 集群是非常烧钱的。制造一个像 GPT-3 这样的超级模型的想法，可能有人会想到，但不是每个团队都有钱验证这一想法。除谷歌之外，很多公司没有财力训练 BERT-Large 模型，并且，实现这个想法对工程能力要求极高。”

土豪的生活就是这样，朴实无华又枯燥。训练超大模型 GPT-3，必须使用超大规模 GPU 机器学习集群。训练一个人工智能模型一次的花销是千万美元，而一颗卫星的制造成本被马斯克降到了 50 万美元以下。训练人工智能模型比制造卫星成本还高。土豪的生活又加了一点儿料，土豪也得勤奋。

第二层，不是有钱就能行，技术也很重要。

在袁进辉（@ 老师木）博士看来，人工智能的大模型运行在大规模 GPU（或者 TPU）集群上，需要用分布式深度学习框架训练，才能在可接受的时间内看到提升效果。大模型的训练如果没有分布式深度学习框架的支持，即使能投入大笔资金搭建大规模 GPU 集群也无济于事。

在模型和算力都如此快速增长的情况下，深度学习框架如果不跟着一起发展的话，势必会限制算法研究的水平和迭代速度。对于深度学习框架，人工智能模型的要求是，在努力上进的我身边，有一个同样努力上进的你。

深度学习框架呼唤技术创新，再墨守成规就会被“甩”了。无情未必真豪杰，那究竟是什么技术竟如此重要？一个能打败“内存墙”的技术。那内存墙是什么呢？这个问题的答案有点儿长。

早期的深度学习模型，参数量小，一个 GPU 够用。当参数量变大时，一个 GPU 不够用了，麻烦就来了。当计算量相当大，训练一个模型要花上十天半个月时，分布式的价值就体现出来了。既然一张 GPU 卡跑得太慢，那就来两张，一块 GPU 芯片单独处理不了，那就用多块。对某些深度学习应用来说，比较容易实现“线性加速比”，投入多少倍的 GPU 资源就获得多少倍的加速效果。只要砸钱，就能缩短运算时间，一切看上去都还挺美好。

但是，现实扼住咽喉，把你从“美好”中摇醒。

超大模型对计算量的需求，百倍、千倍地提升，不仅超越了任何一类芯片（GPU）的单独处理能力，而且即使砸钱堆了成百上千个 GPU，对不起，加速比仍然很低。投了一百倍资源，只有几倍加速效果，甚至出现使用多个 GPU 比使用单个 GPU 还慢的情况。

为什么呢？

首先，深度学习是一种接近“流式”的计算模式，计算粒度变得很小，很难把硬件效率发挥完全。

传统大数据处理多属于批式计算，对全体数据扫描处理后才能获得结果。与此相反，深度学习训练是基于随机梯度下降算法的，这是典型的流式计算，每扫描和处理一小部分数据后，就开始调整和更新内部参数。

批式计算是，一次端过来一锅，全部吃完。流式计算是，一次来一小碗，再不盛饭，就要停嘴了，嘴停，手就停。

一般，一个 GPU 处理一小块数据只需要 100 毫秒，那么问题就成了："调度"算法能否在 100 毫秒内为 GPU 处理下一小块数据做好准备？

如果可以，GPU 就会一直保持在运算状态。如果不可以，GPU 就要间歇性地停顿，这意味着设备利用率将降低。

深度学习训练中的计算任务粒度非常细，通常是数十毫秒到一百毫秒级别。换句话说，干活干得快，不赶紧给分派新的任务，大家就要歇着了。总歇着，活肯定也干不快，工期长，急死人。

另一方面，深度学习使用的装备太厉害，不是 GPU 就是 AI 芯片，运算速度非常快。一个 GPU 芯片单独处理不了，单靠 GPU 这一类芯片也处理不了，通常需要 CPU 和 GPU 一起工作，CPU 负责任务的调度和管理，而 GPU 负责实现计算（稠密），这就是经常说的异构计算（Heterogenous computing）。

但是又有了新问题，GPU 吞吐率非常高，可以是 CPU 的 10 倍以上，这意味着同样大小的计算任务，GPU 可以更快完成。GPU 计算的时候，如果每次都要从 CPU 或者另外的 GPU 上获得资源，其本身的计算速度也会变慢。

CPU 就好比一个吃饭比较慢的人，以前一大锅可以吃很长时间。GPU 相当于吃饭特别快的人，现在一次来一小碗，一口就吃下去了。所以，把碗端上桌的速度就非常关键。

CPU 和 GPU，异口同声说：**"内存墙，How are you(怎么是你)？"**

模型太大，就需要把模型拆开。比如将神经网络前几层拆在这个 GPU 上，后几层拆在另一个 GPU 上，或者将神经网络中的某一层切割到多个 GPU 上去（怎么切割是一道超纲题，暂且不答）。

把数据或模型拆分之后，就需要多个 GPU 频繁互动，互通有无。然而，漏屋偏逢连夜雨，设备互联带宽也不争气，没有实质性改进，同机内部 PCIe 或多机互联使用的高速网的传输带宽，低于 GPU 内部带宽一两个数量级。可以用计算和数据传输之间的比例来衡量“内存墙”的压力有多大。计算机系统理论中恰好有一个叫运算强度（Arithmetic intensity）的概念，说洋气一点儿，flops perbyte，表示在一字节数据上发生的运算量。

只要这个运算量足够大，传输一字节就可以消耗足够多的计算量，那么即使设备间传输带宽低于设备内部带宽，也有可能使得设备处于满负荷状态。进一步来说，如果采用比 GPU 更快的芯片，处理一小块数据的时间就比 100 毫秒更短，比如 10 毫秒，带宽不变，“调配”算法能用 10 毫秒为下一次计算做好准备吗？事实上，即使使用不那么快（相对于 TPU 等专用芯片）的 GPU，当前主流的深度学习框架对模型并行计算已经力不从心了。

CPU 和 GPU，仰天长啸：**“内存墙，How old are you（怎么老是你）？”**

“内存墙”带来了巨大压力，处理不好就会造成设备利用率低、整体系统性能差的后果。

理论上，训练框架与硬件平台耦合程度相对较高，深度学习框架需要基于异构硬件的支持训练超大规模数据或模型，分布式训练的实际性能高度依赖底层硬件的使用效率。换句话说，解决这个问题，得靠深度学习框架。内存墙问题，得解决。没办法，谁让深度学习框架处在上接算法、下接芯片的位置。在技术江湖里，卡位很关键。袁进辉（@老师木）博士在“内存墙”上，用红漆画了一个大圈，写下一个大大的“拆”字。

他认为，这是深度学习框架最应该解决的问题。人生在世，钱能解决绝大多数问题，但它不能解决的少数问题，才是根本性的问题。训练超大规模人工智能模型，有钱就能买硬件，但要有技术，才能把硬件用好。道理，很简单；现实，很残酷。

“国内深度学习框架发展水平并不落后，有多家公司开源了水准很高的框架，这些够用了吗？”袁进辉（@老师木）博士答道：“现有开源框架直接拿过来，真是做不了大模型这事儿，尤其参数量达到 GPT-3 这个级别的时候。”

现在这个阶段，大规模带来的问题，仅靠开源的深度学习框架来解决已经有点儿吃力了。已有开源分布式深度学习框架无论使用多大规模的 GPU 集群，都需要漫长的时间（几个月以上）才能训练完成，时间和人力成本极高。弱者坐失时机，强者制造时机。

“在开源版本上修改，能否满足工业级的用途？”袁进辉（@老师木）博士回答道：“现在市面上的深度学习框架，有选择的余地，但当前在某些场景（比如模型并行）下改造和定制也力不从心。就比如绿巨人 GPT-3 这件事儿，直接把现有开源深度学习框架拿来是搞不定的，OpenAI 实验室对开源框架做了深度定制和优化，才可能在可接受的时间内把这个实验完整跑下来。”

一般人，只看到了模型开销的昂贵，没有看到技术上的难度。

“单个芯片或单个服务器无法满足训练大模型的需求，这就是所谓的 Silicon Scaling 的局限性。为了解决这个难题，我们必须使用横向扩展的方法，通过高速互联手段把多个服务器连在一起形成计算资源池，使用深度学习框架等分布式软件来协同离散耦合的多个加速器，使它们一起高效工作，从而提高计算力的上限。”袁进辉（@老师木）博士继续解释。

袁进辉（@老师木）博士还特别介绍了解决这个问题对人才的

要求，他说："改造深度学习框架，是一件困难的事。从团队方面来说，算法工程师难招，有计算机系统理论背景，工程能力到位，又懂算法的工程师更难招。挖人也不解决问题。对于改造算法，从别处挖来一位算法工程师，算法的巧思之处也能一起带过来。改造深度学习框架得把差不多整个团队挖走，才够用。""超大模型不是今天才有的，也不是今天才被人注意到的，一直以来就有这个趋势。有远见的人，较早就能看到趋势。最先发现趋势和最先做准备的人，最有机会。""很多深度学习框架刚开始被研发的时候都没有瞄准这种问题，或者说没有看到这个问题。深度学习框架没有完成的作业，就要留给算法团队去做，这很考验算法团队对深度学习框架的改造能力。市面上的情况是，极少数企业搞得定，大多数企业搞不定。"

聊了很久，我抛出最后一个问题：**"GPT-3 在企业业务里用不到，很多人觉得无用，实验室的玩意儿而已，其科学意义是什么呢？"**

他笑了笑，用一贯低沉的声音说道："GPT-3 说明，OpenAI 实验室很有科学洞见，不是人人都能想到往那个方向去探索，他们的背后有一种科学理念支持。思考大模型的时候，有一种假设（hypothesis）的方法论，当假设成立时，能够解决与之相对应的科学问题。在这个方法论的指导下，勇于探索，肯定不是莫名其妙地一拍脑袋就花千万美元往超大模型的方向上鲁莽冒险。"

袁进辉（@老师木）博士把人工智能和人脑做了一个比较，他说道："人类的大脑与我们现在的人工智能自然语言处理模型相比，人脑有 100 万亿个突触，这比最大的人工智能模型还要大三个数量级。这个人工智能模型，名叫 GPT-3，几乎通过了图灵测试。一直以来，科研团队都在寻找'能正常工作'的聊天机器人，这个模型让人看到了突破口。"

他在思考，当真正实现了具有百万亿个参数的神经网络时，人工智能和深度学习模型目前面临的困难会不会就迎刃而解了呢？机器人进行真正智能对话的日子是不是就快到了呢？说到这里，他眼中闪过一丝亮光。在他看来，这种里程碑式的突破，通常需要杰出的团队才能做到。

OpenAI 想到了，也做到了。

他们代表了这方面的全球最高水平，探索了能力的边界，拓展了人类的想象力。就像飞船飞往宇宙的最远处，触摸到了人工智能模型参数量增长的边界。这种模型的问世，就像航天界“发射火箭”一样，成本高，工程要求也高。他们的成功，既实现了理论上的意义，也实现了工程上的意义。人工智能的希望，在路上。

无论实验怎么艰难，无论效果如何不济，GPT-3 始终是人类迈向“智能”的无尽长阶上的一级。没有伟大的愿景，就没有伟大的洞见；没有伟大的奋斗，就没有伟大的工程。

第6章 那些站在微软云起点的中国创业者

1

1996年，坐标北京。

高中二年级的左玥代表崇文区参加市级“四通杯”青少年计算机程序设计竞赛，得了一等奖。

在去参赛的路上，左玥的辅导老师一直抱怨为此多跑了一趟西城区。

那一年不是左玥编程竞赛拿奖的第一年，他听着老师的抱怨，心里跟明镜似的：“人家海淀区对编程竞赛的辅导早就是师生一对一了，非常重视。”

1996年，方磊也在北京，他就读于清华大学电子工程专业，念大二。

《大众软件》和《电脑报》是左玥高中时期的最爱。曾有一篇关于美国微软公司的办公大楼的科技报道给他留下了深刻印象。

空气中有股气泡饮料的甜味，空空的塑料饮料瓶子摆在桌面一角。他向“亲爱的数据”回忆微软办公大楼的建筑结构，还拿出一支黑色的水性笔在白色的草稿纸上细细画出简笔画，边画边讲：

“大楼是十字结构，这种设计赋予室内极好的采光，让工程师享受开阔的视野。

“微软公司依据工龄的长短，而不是按职位级别的高低来安排座位。资格老的人可以比上级（leader）先挑座位……”

可以得知，高中生的左玥看过这篇报道，心里有多么神往。

大约七八年后，左玥结束美国德州农工硕士的学业，乾坤大挪移般地坐在当年报道里提到的办公大楼里。

当时的感觉怎么说呢？有些惬意，更多的是魔幻。

方磊比左玥晚一些进入微软，他从美国弗吉尼亚理工大学博士毕业，微软是他博士毕业后去的第一家公司。

方磊的专业方向是解决软硬件设计的验证问题，他原本该选择一家芯片公司，给硅谷老资本家们踏踏实实干一辈子。但是，在那个时间点上，方磊发现有一家研究机构，将芯片上的验证技术用于验证计算机程序的正确性。这家机构就是距离美国西雅图东部不远的微软雷蒙德研究院。刚入职微软的时候，方磊被吓了一跳。一名微软员工对方磊说：“我们这里有个秘密项目，现在不能告诉你做什么，上班第一天才能告诉你。”

“什么？”方磊一脑袋问号。那位同事没有看出方磊的疑问，只想表达内心的自豪，又多说了一句：“我们会开发一个东西，让全世界的人都可以开发一个谷歌地图（Google Map）。”

彼时，微软处在 Windows 时代，云计算远在天边，方磊感到困惑也在情理之中。

云计算在左玥心里是一颗种子。2009 年，一次微软全员大会上，左玥见到了比尔 · 盖茨和鲍尔默。这种大会往往在大型体育场召开。开阔的天与地中，一个几分钟的 demo 在大屏幕上一闪而过，却让他两眼放光。他牢牢记住了一个名字：Red Dog（红狗）。

后来，左玥才知道，那是微软云早期的 Code Name（代号）。不仅仅是左玥，红狗是多位微软技术大神心中的罗马。条条大路通罗马，方磊则“生在”罗马。方磊刚刚找到工位坐下，leader 就像给入伍的士兵配发手枪一样，给他发了一双红色的球鞋，一件红色的夹克外套。“恭喜你成为红狗的一员！”方磊的学历亮眼，又是博士毕业，一迈进微软就被分配到了微软云计算团队。

此时微软云是一个孵化在微软雷蒙德研究院的产品。当年，微软 Windows 版本迭代周期以“年度”计算。大家中午在公司草皮上踢完足球，洗个澡，到了四五点，很多人都下班接孩子去了。这种工作节奏真是惬意。微软仰仗着市场地位的优势，企业文化中没有必要充满狼性。而红狗则与众不同，弥漫着初创企业战斗力爆表的荷尔蒙，拼命是团队的主旋律。

在战场上，战士只需杀敌就是英雄，而将军则需要打赢战争才是。命运之手将云计算的初创团队交给了 53 岁的 Ray Ozzie（雷 · 奥兹，下文简称“雷神”）。雷神是微软云 Azure 最初的设计者。Azure 一词的意思是“晴天时，天空的颜色”。微软的技术先知们在西雅图召唤诸神，在万里无云的蓝色天空下，相信云计算将颠覆世界。雄心壮志，以酒酬神。

雷神以美国西雅图当地的一种啤酒来命名项目，这就是 Azure 最初开发代号的由来。红狗啤酒，液体颜色呈金黄色，口味顺滑，于 1994 年推出。

一般而言，微软内部的保密项目会有一个代号，否则张嘴都不知道怎么叫。

那时候，方磊已经扎进去了，而左玥的脖子还伸得老长，心里唯独惦记着红狗。左玥本来可以直接读博士，他也通过了博士资格考试，但是，他情愿只要研究生学位，就着急奔向工业界。

他坦言，自己的天赋不在学术界。

于是，他先去英特尔实习。当年的英特尔因为 IA64 架构，被 AMD 的 X64 架构按在地上一顿“胖揍”，所有的招聘名额都被冻结。说来凑巧，左玥来到了微软，在一个 Windows 的存储驱动设备团队里挑大梁。

他一干就是三年，一路“火花带闪电”，级别升到了 5 级（共 1 到 10 级）。某天，他的老板休假，一封邮件自动转发到了他的邮箱。

事情是一件小事，但是来信人的邮箱又给他一个手摸电门般的感受——Red Dog（红狗）。

他曾经在权限范围内寻找“红狗”的信息，这一次送上门了。

除了来信人的级别很高，他发现一件神奇的事情，居然这个人同组成员的级别（Career Stage）非常之高（为 Partner Level），居然都是 68+。

一个什么样的团队会有如此之高的“大神密度”？只在睡了一觉后，左玥便要求面试这个团队。面试的结果并不如意，红狗面试官认为左玥资历尚浅，原话是：“太年轻了。”连左玥最拿手的编程也成了红狗大神们不入眼的技能。

据说，红狗的早期代码都是大神亲自上手，年轻的工程师们则在外围“打杂”。彼处，挑梁；此处，打杂。反正，左玥是被红狗迷住了，他不在乎干啥了，他就是要待在红狗。其实，左玥的内心怎么甘心打杂？他一直在等待机会。运气只留给有准备的人。

某一天，红狗内部两个部门的老大“掐架”，掐得影响了开发周期，眼看时间就不够用了。

leader 一路小跑来问左玥：“左玥，你不是说能编程吗？”这真是有意思的一句话，高中就参加编程竞赛的左玥一直视编程为一门美学，能忍受别的丑，就是不能看见代码丑。

左玥点点头。

“那给你一个机会。”这次机会让左玥抓住了，接下来的两个月里，他在工位上不分白天黑夜地编程，顿顿披萨配可乐，而配送披萨的人是他的 leader。

产品如期发布。这时的左玥长吁一口憋了好久的气。

终于，他的一只脚踩进红狗的核心开发工作里了。补充一点儿介绍，红狗当时分了几个大团队，包括左玥所在的 OS（操作系统）、Fabric（负责分布式）、XStore（存储），以及方磊所在的 MDS（数据中心服务器监控和问题诊断）部门等。

2

命运总是吊诡，实力决定一切。

参加微软云计算第一战的战士们都有独一无二的站在战场的资格。科技巨头里，亚马逊公司精明强悍，披星戴月出发；微软公司反应迟钝，但也能跟上；谷歌则最为后知后觉。

也许有人留意到了，谷歌云有虚拟机的 IaaS 的时候都到 2010 年了。

从 20 世纪开始，无数人对个人电脑的回忆：一个是用“猫”（不吃猫粮的猫）拨号上网；另一个是 Windows 默认桌面壁纸，草地、蓝天和白云，自带一层琥珀色滤镜。

透过 Windows 的视窗，云始终在微软视线之内。毫无疑问，云计算是微软的未来。

而比尔·盖茨在思考的问题是：孰执牛耳？在盖茨心中，若要评选全宇宙顶尖的程序员，排在前 5 且活着的程序员中，必有雷神。

雷神生于 1955 年。2005 年时，雷神已经 50 岁了。

得知雷神要来微软时，盖茨说道：“23 年了，我一直想他能来，今天终于实现了。23 年了，如果只能雇用一个人，那一定是他。现在他来了，微软终于有救了！”多年来，能得到盖茨如此评价的，唯有雷神一人。

雷神的大半辈子是半部计算机软件史。

大致划分一下，他在大半辈子的前半段是 Lotus Notes 之父。Lotus Notes 是 1996 年开始流行的“杀手级”应用软件，后被 IBM 公司重金收购，它几乎是同类软件的代名词。

后半段，他用云计算改写微软公司的历史。老牌软件帝国的上空聚起夹杂响雷的浓黑风暴，云计算要来了。说得难听一点儿，微软再不跟上，就歇菜了。简单理解就是，云计算 = 互联网 + 软件。

互联网要求敏捷迭代，软件追求稳定可靠。云计算兼而有之。

比尔·盖茨也知道，微软那些老牌纯软件部门思想保守，不懂互联网。他坐在一眼扫尽天边海景的落地窗前，派出一支独立作战的精锐部队，不受陈旧事物的束缚，去闯，去创新。早期 Azure 的身份是一个高度机密的云架构产品，在微软雷蒙德研究院内部孵化。虽然组织决定，抽调微软雷蒙德研究院的精兵强将充当技术骨干，但是，在放人的时候，很多人都不爽。

红狗一上战场，就享有美国西雅图“夜总会”的美名——夜里总开会。夜里一二三四点都有可能上岗，方磊的 BP 机随时带在身上，7 × 24 小时在线（On Call）。

熟悉的来电号码一显示，方磊的肾上腺激素就直往上飙，“（电话号码）又是 90 或者 91 区号。”因为这两个区号来自印度，肯定是晚上出事了。

在 Azure 的字典里找不到“轻松”两个字，但它也迎来了破壳的曙光。孵化结束，决定去处，微软特意调整组织架构，配资源，给支持。终于，在 2009 年 11 月，PDC（微软专业开发者大会）宣布了一系列大动作，其中就包括 Azure 在 2010 年新年第一天上市。当时的微软在“软件 + 服务”战略下分成三大部门。

首屈一指的是 Windows，而 Office 屈居其次，这都是响当当的大山头。另外，还有一个服务器与开发工具事业部（Server & Tools Business，简称 STB）。微软的元老及总裁 Bob Muglia（鲍博·穆格里亚）曾担任 STB 部门的领导。

组织决定将雷神领导的红狗并入 STB 部门。于是，一个新的大部门问世，Server & Cloud（服务器与云计算）。独家内部消息，微软“A+B”结构的部门都会把盈利的部门放在前面，这也解释了为什么是“服务器与云计算”。还是独家内部消息，合并剪彩大会上，欢天喜地的音乐走起，领导安排气氛组上岗，仿佛公司里许久没有这样大的喜事了。

是，高管的发言稿才念了几句，Azure 的老人们就起身，集体撤退，留下空荡的桌椅。他们腰板儿倍儿直，仿佛人人都是八十万直男禁军总教头。只叹美人迟暮，不许英雄白头，谁料想，比尔·盖茨任性退休，接棒的不是雷神，而是鲍尔默。微软迎来鲍尔默时代，一朝天子一朝臣。

旧时由雷神领导的红狗，交接的新领导是一位印度人，再由这位印度人向高管 Bob Muglia 汇报。

Bob Muglia 是微软元老，在微软已有 23 年了。他领导 Office、Windows NT 开发，管理 Windows Server、SQL Server、Visual Studio 产品等。他人生的上半场，胸前挂满了微软军功勋章，后面我们还会谈到他下半场的神操作。

2010 年 10 月，媒体曝光鲍尔默的备忘录："雷神将从微软退休。"雷神一心想给微软留下一份不朽的"遗产"，多少年后回望，事实上，他也做到了，日后正是微软云计算扶着微软公司冲上万亿美元市值。

雷神 Ray Ozzie 作为最后一位微软首席软件架构师载入史册。此后，微软不再任命新的首席软件架构师。

"我喜欢软件，因为如果你能想象一些东西，你就可以构建它。"这是雷神的金句。

3

云计算的变革不仅发生在微软，也发生在开源的江湖。

谈云计算，不能绕过容器技术，也绕不过世间的一种开源软件，名叫 Docker。它的形象是一只游泳的蓝色大鲸鱼，背上驮着很多箱子，像一个海上快递员。

很久以来（其实也没有多久，为了营造讲故事的气氛），容器与 Docker 是一直被混用的两个词。

容器是一种思想，Docker 是第一个用技术实现的容器。

容器的英语是 Container，这个英文单词还有另一个意思：集装箱。有了集装箱（大约 1956 年），就有了货物运输的标准，所有的船、路、桥、港、道都按一只箱子的标准建配套设施。

《经济学家》杂志提到："没有集装箱，就没有全球化。"这下容易理解了，为什么大鲸鱼背了很多集装箱（容器）。不深究技术细节，Docker 就好比一个水桶，软件开发者把随身物品装在这个桶里。

搬家的时候，水桶一提，直接走人。也可以在同一台计算机上放很多个"水桶"，数以千万计也可以。而容器是软件打包和运行时的格式，开发人员可以把随身物品（软件）打包成"铁桶""木桶""饭桶"，这个看个人喜好，口味重的可以选"马桶"。这是工业界第一次能够以标准的方式，在不同的 IT 基础设施之间"搬运软件"。

2020 年 8 月 17 日，美国强迫华为、海康威视、大华、科大讯飞等实体清单上的中国企业和 Docker 商业版说拜拜。可见，"桶"的江湖地位不能小瞧。当年（2007 年 11 月），长着浓密胡子、五官清秀、有点儿小帅气，并对摩托车有浓厚兴趣的 Solomon Hykes（所罗门·海克斯）和几个哥们儿，创立了 dotCloud 公司，Docker 是这家公司开发的一种工具。看见"Docker"这个单词，一口英国腔的码头搬货师傅们直呼内行。

公司早期员工承认，他们确实借鉴了物流行业用语——码头装卸工。刚开始，项目亏损很正常，后来慢慢地就要倒闭了。开源世界里的项目有一种套路，就是那些不想做、做不下去的项目，就开源吧，赚不上钱，就搏一把名气。2013 年 3 月，反正公司也要倒闭了，dotCloud 就把 Docker 开源了。

世事总无常，谁料想，这次开源成就了人类 IT 历史上增长最快的开源项目，公司也趁势起死回生。软件江湖的底层世界里，事实工业标准才是武林盟主，所以，容器自打“出生”之日起，就在向标准和统一一路狂奔。

走过容器技术大融合的“春秋时代”，容器产品的竞争也拉开“战国”的序幕，多家竞争对手开始拿出更新、更好用的容器工具。前任明教教主阳顶天说：“谁不想千秋万代、一统江湖呢？”武当、少林和峨眉，嘴上异口同声地说：“邪教。”背地里都默默地点头。

2014 年，谷歌启动“舵手”项目，也就是后来大家耳熟能详的 Kubernetes，该词来自希腊语，简称 K8S。它是一种容器管理工具。

简单地说，就是桶多了，需要管理。专业的说法是，完备的集群管理能力。谁也没有想到，K8S 迅速成为开发者新宠，这为它日后“一统天下”埋下伏笔。居然有一日，它的势力范围比所有竞争者的加起来都要大。居功者易傲，2020 年 12 月，谷歌竟然一脚将 Docker 踢出了 K8S 的微信群聊，不带它玩了。

Docker 一路跪滑，仰天长啸，泪流满面。

K8S 现在流行了，就要把下面管理的东西替换掉。到哪里去说理？权力就像房地产，位置是一切。

软件上层被统治了，就没人关心下面怎么跑了。这就像没人知道北京王府井大街上的手机基站上面跑的啥网络协议一样，群众只关心是 4G 还是 5G。

毫无疑问，容器技术是公司软件部署的基本框架，也是云计算的核心技术之一。从 Docker 的“生死簿”上能看到一个越来越标准化的软件部署运行环境。

车同轨，书同文，趋势无法逆转。生存，是嗜血丛林里的不二法则；标准，是软件世界里的不二法则。

在云计算和人工智能主导的第四次工业革命背景下，软件部署和运行环境标准化的枪响，声波刺穿耳膜。统一才能让以人工智能为代表的新技术软件的大规模产业落地变得更容易。

这里要插入一小段历史注解。企业最开始的架构是 IBM 的大型机、Oracle 数据库说了算，几大传统厂商统治了 IT 生态好长时间，生意好比印钞机。

这一代被称为传统企业架构。后来，天空飘来公有云。公有云是另一套架构，比如计算和存储分离，扩展原理和机制也不一样。

架构不一样，企业上公有云，就要重新设计。

简单搬迁发挥不出公有云的威力。长租机器的说自己是云计算，不配。这期间，不少企业将私有云和公有云一起用。私有云里的虚拟机、容器管理平台的接口、虚拟化、网络等，都和公有云里的越长越像。两个架构磕“CP”，越磕越像。云原生是一类技术的统称，忽略技术细节，简单地说，就是公有云和私有云的应用接口都一样了。

那么，在这个接口上开发应用程序就方便了。如今，应用程序是大多数企业做生意（俗称“业务”）赚钱的生命线，需要快速、高质量地部署。架构统一的趋势说明了公有云想一统天下已经不可能了。

无论是什么云，所有的应用在上面跑都是一个姿势，无缝、平滑、跨云。

这个才是未来的 IT 大生态应该有的样子。马斯克一听，赶紧看了看特斯拉云上的自动驾驶数据，暂时还没有泄露。云原生的趋势不是突然冒出来的。

容器铺平了标准化的道路，箱子的思想还在改变世界。

4

多年后的创业之路上，方磊和左玥不约而同地选择了容器的技术路线，这是自然中的必然。虽然左玥的产品灵雀云 ACP（也称容器云平台）是云原生技术的私有云，方磊的产品 DataCanvas（中文名为数据画布）是机器学习平台。

可以看出，具有红狗背景的创业者，他们从创业之初就认为容器和容器周边的技术将颠覆整个 IT，这就是云计算的未来。我们把故事线拉回到微软，雷神 Ray Ozzie 退休了，Azure 的老人们都受到了排挤。

方磊选择了去必应搜索部门。左玥也就此别过，回到了原来上班的老部门——Windows。

可想而知，他习惯了红狗那种创业公司的节奏，就很难回到稳定且发展缓慢的软件开发节奏中。至此，在微软工作了九年后，左玥毅然决然地选择回国，回到阔别已久的北京，于 2014 年 10 月创业。

这时候，必应搜索进入“陆奇时代”，沈向洋是左膀右臂，有才华的华人受到了前所未有的重用。2011 年年底，美国数据科学家是非常紧俏的，若要在领英网站上如实写上职位，猎头就能把邮箱塞爆，因为人才太少了。此时，方磊成为必应的数据科学家。陆奇挥一挥衣袖，必应搜索的市场占有率就奇迹般地触底反弹，从 8% 追到 20% 多。

不得不说，也就微软能死扛着搜索业务这只吞金兽，花大把钱正面“硬刚”谷歌。

谷歌与微软的搜索大战举世皆知。

强大的对手才能成就伟大的战役。沙盘视角下的谷歌已经发明了三大核心技术：

Google Big Table、Google Map Reduce 和 Google File System。

微软在基础架构上扮演一个缓慢跟随者的角色，跟在谷歌屁股后面。说得难听一点，微软落后于谷歌 18 个月。

另外，论互联网搜索，谷歌的流量大得像山洪，必应的则小得像山泉。亲历沙场征战的体验，是任何顶级学者、顶级课程都传授不了的。为什么有的人的技术水平有时候排在所有人的前面？是因为他们的需求也走在所有人的前面。

谷歌的每一步都领先必应，比必应更快地碰到困难，就更快地有资格解决。如果连见都没有见过，何谈解决？技术能力和工业需求彼此成就，形成雪球效应，在长长的雪道上，球会越滚越大。工业需求给计算机技术创造的机会有时候胜过一切。必应搜索会坐以待毙？如果把这句话换成肯定语气，会引发场面失控。

微软西雅图雷蒙德研究院的科学家和工程师眼里布满血丝，猛地起身，多名彪形大汉也招架不住。他们的眼神里写满了："有种，你再说一遍……"

"我的技术架构比你的慢，算法能不能比你的强？我微软西雅图雷蒙德研究院可不是吃素的。"

此时，微软的"周郎妙计"是用算法弯道超车。于是，微软的"大炼钢铁"时期，热热闹闹就来了。

研究院里热火朝天，大"炼"模型。虽然当时的投入跟今天的人工智能超大模型的投入不能比，但是，也大搞了一段时间。结果，发现这个思路行不通。为什么？"兵马未动，粮草先行"。算法未动，系统和架构先行。系统和架构究竟有多重要？

把底下的系统打扎实了，上面的算法才能玩转。这是方磊亲身经历的教训。架构怎么炼成的？架构可以有不同的选择，有优劣之分，会经过竞争形成稳固的架构。随后，在走向稳固架构的过程中，要横穿两次“死亡幽谷”。架构选错了，后面就没戏了；架构选对了，才有机会比拼架构之上的产品。“算法为王”的想法，在科技巨头搜索战这一轮就破产了，因为算法没有护城河。

历史学家说，太阳底下没有新鲜事，在 AI 人脸识别算法公司融资额“上天”这一轮，又验证了一遍。历史不会重复事实，但历史会反复重现规律。方磊和左玥擦去脸上的汗水与尘土，战火会塑造一个人终生的“产品价值观”。

方磊（左二），鲍尔默（右一）在讨论工作

5

2012 年的时候，方磊很想创业。微软这帮哥们儿一起吃饭，都拍着胸脯表态：“方磊，只要你去创业，我们都跟你干。”说白了就是，圈子里大家都认同方磊，但是方磊的人格魅力还没有远渡重洋，传播到中国。在他的圈子里，有的是能在谷歌、脸书、微软带领 30 到 50 个人团队规模的技术管理人才。

在美国，他们一年能赚七八十万美元，加上美国股市那会儿形势又好，家里两条狗、两个娃、两套房子、两辆车，都是标配。可是回国，就没有圈子，没有帮得上忙的朋友。如果硬把美国的哥们儿拉回中国，恐怕要和哥们儿的老婆翻脸，和孩子结仇。友谊都是塑料的吗？并不是。

方磊也有同样的顾虑，不愿意给家庭换生活环境。左玥则说，虽然微软公司在美国和中国两个国家都有生意，但是他从没有接触过中国的同事，也不在微软中国的人脉圈里。

回国时，差不多“举目无人”。

左玥和同样出身于红狗的陈恺，两个人操持创业。

陈恺是灵雀云的 CTO，他曾获美国华盛顿大学计算机硕士学位，在大规模计算和企业级云平台领域拥有超过 10 年的经验，曾任 Azure 云平台首席架构师。巧了，方磊和尚明栋也是两个人。尚明栋曾在 Windows Server Core 团队工作，也是在 STB，即 Bob Muglia 管理的那个部门。

尚明栋参与设计了微软下一代数据中心数据传输和存储的可靠系统方案，也是 SMB 协议的作者之一。

方磊的创业是从一个机器学习算法用作情感分析的项目开始的，客户是美国的 Answers Corp 公司。这是一款美国大众版的知乎。用户会问“T 恤衫染了红酒怎么洗”，也会在这里吐露对商品的评价。

2014 年 10 月，产品上线，是分析某种商品的群众评价的。

那时候，把数据放到 AWS 云上，在 Hadoop 集群上运行机器学习算法。做产品的同时，也要融资。方磊在美国融资的办法很直接，给领英前 100 名的风险投资人写信。后来，排名 20 到 50 的都回复了。

前 20 名没有回复的原因在日后也找到了，风投都已经抢了赛道，出手投过一些公司。投资过阿里巴巴的 AME Cloud Ventures 投资公司，其创始人杨致远对方磊的创业思路很感兴趣，因为他们投了容器。

路演时，全容器机器学习平台令人眼前一亮。共识有时就是确认眼神。用机器学习做分析是一个非常复杂的异构系统，Python、Java，还有 SQL 代码同时存在，Docker 会把整个流水线标准化。关于 Docker 和容器的威力，知名投资人杨致远也看到了，他既投产品，也投生态。彼时，投资过亚马逊公司的投资基金 Madrona Venture Group 的负责人 Matt McIlwain 也对此兴致勃勃。方磊作为机器学习平台的创业者，其早期思路在 2014 年 10 月写给 Matt McIlwain 的信里表达得十分清楚。

方磊写道，创立动机是让数据分析大众化，其中的主要挑战是：

1. 没有“标准格式”。所以，软件很难被打包交付，也很难被消费、交换、分析。回顾软件发展史，标准化是软件商业化的先决条件。

2. 复杂性。数据分析平台和在它之上启用的新应用程序将会越来越复杂。从多数据源到敏捷建模迭代，临时工程是短期状态，是不可持续的。

3. 基础设施的发展。我们正处于云计算、虚拟化甚至容器化的时期，基础设施演进是快速变化的。数据分析平台在这种趋势下如何立足？我们采用 Docker 容器作为面对这些挑战的完美解决方案。容器是分析在打包和运行时的格式。这是工业界第一次能够以标准的方式在不同的基础设施之间传送、使用和交换分析数据。一旦人们接受了这一点，障碍将大大降低。一方面，社区和生态系统将建立在“标准”之上。另一方面，将容器作为分析平台的基础，也顺应了基础设施层面的容器化趋势。

DataCanvas 是方磊公司的名字（公司中文名为“九章云极”），也是产品的名字，是基于容器基础的机器学习平台。方磊在信中提到，在标准格式和运行环境就绪后，名叫 DataCanvas 的产品提供了可视化编排，帮助人们解决了手工编排的复杂性问题。

DataCanvas 总体上处于一个非常独特的位置，利用容器技术和引入最佳编排工具来解决主要挑战。假设分析软件像书本，DataCanvas 就是一个电子书阅读器软件。它可以让你方便快捷地存取书。容器化就是像书一样的文件格式（比如 PDF）。这些书是以标准格式出版发行的，人们可以通过电子书阅读器软件查看。这正是数据分析平台应该做的事情。

数据的分析和处理软件一直是人们愿意付费购买的。但用户需要一个伟大的工具来使用这些软件，而且这种用法是有标准格式支持的。产品策略方面，现在你可以看到方磊的策略很明确：标准化，做引擎，建生态。后来，容器标准化了运行环境和部署。大鲸鱼 Docker 化身为“快递员”，实现了箱子改变世界的梦想，并成为标准。

再后来，用容器跑人工智能模型的上线成了“一顿操作猛如虎”的标准。很早就选择了 Docker 的人，选对了技术路线，俗称穿越了“死亡幽谷”。方磊在美国的融资被一个好消息打断，尚明栋在北京融到钱了——天使轮。

方磊按下了回国的确定键。

6

人赚不到认知以外的钱，高端玩家出道即出位。

Bob Muglia 的上半场，曾作为微软执行副总裁、Azure 执行高层；下半场，凭借对云计算的深刻理解，躬身入局云数据仓库，游戏从头开始。2012 年，Snowflake 公司成立。他在那时候的选择很可能是因为看到了数据软件公司和云厂商博弈的火苗。谁能博弈成功，谁就能创造神话。这句话也可以理解为：云计算——一个新里程碑出现了。

博弈的逻辑是这样的，公有云厂商希望从 IaaS 层往上走，迎接 PaaS 层的市场，尤其是一些基础型的软件，比如数据库、算法平台，是兵家必争之地，云厂商财大气粗，定有同款，很难正面“硬刚”。跟随云原生的脚步，部署环境越来越类似，云计算生态迎来一个叫作“多云”的全新时代。新时代，云上基础架构必然升级。企业需要能根据不同的业务场景，按照策略或需要将应用负载部署到任意一个云平台中，而不是被特定的底层架构所绑定。

2020 年 9 月，美股奇迹，Bob Muglia 造。Snowflake 公司上市第一天的市值就突破了 700 亿美元，外媒煽风点火，鼓吹：“千亿市值，近在咫尺。”

这是美股史上规模最大的软件公司 IPO，由一家云数据仓库公司创造。这也是第一个完全跑在多云环境的闭源商业软件。

多云战略，也有人称之为“云中云战略”，是博弈的结果，也是发展的必然结果。

Bob Muglia 的“精气血”造就了 Snowflake 公司。Snowflake 喜欢说“a datacloud in the cloud”，因为做到了这句话，无论在多大的云厂商面前，都能面不改色，底气十足。人人都夸 Snowflake 是“三好学生”“优秀班干部”，产品好、收入高、定位准，抓住了架构升级的历史大势。更重要的是，Snowflake 的底层逻辑“云中云战略”行之有效。多云不是一个发展趋势，而是现实。许多企业都是在无意之中采用了多云，还浑然不知。

美国有三朵公有云，亚马逊、微软和谷歌。在中国，你就当作有 1000 朵云，政务云、行业云、地域云，还有数不尽的私有云。美国以公有云为主，中国以混合云和私有云为主，比如，银行、公立医院就更倾向以私有云为主的部署。

独家内部消息，AWS 云厂商在中国国内的公立医院客户数量也少得可怜。我们可以说，国内的云生态是多云战略的“快乐星球”。战略即选择，对于这个思路，前瞻者们站在瞭望台上已经看得再清楚不过了，他们遥相举杯同庆，为默契干杯。软件产品的议价能力来自用户对产品的依赖。用户越依赖，厂商越有话语权和议价权。

数据库和机器学习平台也是这么想的。

数据库和机器学习平台也是云计算 PaaS 层的网红，数据库是重器，机器学习平台则被喻为挖掘人工智能金山的铲子。那些早早领悟多云战略的本质，把产品奉为信仰且坚定走下去的公司，很可能有机会走上和 Snowflake 公司一样的康庄大道。对比一下 Snowflake 和 DataCanvas，数据仓库是传统品类，机器学习平台是新品类。

两家公司的共同点是，都是抓住云原生基础架构升级红利的产品。微软 Azure 的前身——红狗，一共有 41 位中国员工，他们从不同肤色的全球 IT 精英中脱颖而出，远渡重洋，凭着才华和能力吃透了美国的软件技术，洞察前沿的软件生态。

2012 年，红狗团队在微软 109 号楼合影

老照片里，他们对着镜头微笑，仿佛背后有光，他们是站在云计算起点的那群人。

如今，他们仍然在一个微信群里聊天，群名叫作“Cafe 109”，因为微软 109 号楼是当时 Azure 团队所在的大楼。红狗里的大神如今已是全球各大科技公司的中坚力量。

他们中，有的人依然奋斗在美国：

- 宋翔，打造了优步公司的心脏——实时将司机调度给乘客的调度系统。
- 李卓伟，稳扎微软十三年，已是首席工程经理。
- 汪荣华，一流日志分析软件公司 Splunk 首席工程师。
- 于家伟，VMware 技术高层，兼任轻元科技公司技术顾问。

有的人归国创业：

- 左玥，灵雀云创始人。
- 方磊，九章云极创始人。

从美国一流软件公司归国的技术大神推动了中国软件行业的发展。

九章云极创始人方磊和本书作者谭婧

第7章

京东零售：北极星永远指北

“卖货”疯狂增长的背后，京东疯狂搞技术。废话不多说，快上车，故事开始了。

1

坐标北京潘家园，古玩市场里人群熙熙攘攘。地摊上，玉器、书画、钱币、木器、古币散摆了一地，客人一屁股稳坐在摊口的破皮子小马扎上，粗糙的手指反复盘弄一个炭黑色“老底子”铅酒壶，把玩将近20分钟了，摊主无动于衷。

这位摊主，难道要等客人摸到“铅中毒”了才看出来“购买意愿”吗？

计算机里的人工智能可明白着呢，每当用户点击商品、加购物车、翻详情页、读评论……它就一通忙活。

因为用户的这些动作太重要了，这可是人工智能“眼里”宝贵的“用户实时反馈”，用于准确判断用户的兴趣。假如一位京东APP用户也选购商品20分钟，人工智能过了三天三夜才懵懵懂懂地领悟到“用户兴趣”，那就永别吧，“人工智障”。

发现兴趣只是第一层功力，还要发现兴趣是变化的。“剁手党”总是善变的，一会儿爱这个，一会儿爱那个，兴趣变，品味变，潮流变。

如果推荐商品的时候，用户看了 20 分钟鞋子，其兴趣已然被消耗殆尽，APP 还在一味地推荐鞋子，那它离被卸载的悲剧也不远了。

总而言之，卖货要反应快，体现在计算机里的人工智能身上，就是实时性。

反应越快，越能“做成买卖”，所以，实时性是人工智能做零售生意时的 IQ（智商）水平。打分标准很简单：效果好，IQ 就高；延时多，效果差，IQ 就低，俗称“傻呼呼”。京东 618 和“11.11”大促的时候，压力排山倒海，浏览 APP 就像逛春节的庙会，在线用户多，用户行为就更多。

在平时，京东日常处理几十亿件商品和五亿名用户的数据，如此大的数据量，想要处理好，不仅是一个技术问题，还是一个见识问题。更别说，用户在京东 APP 里的行为不是静止的，买买买，逛逛逛，就会产生海量行为数据。

新数据像雪片一样飞来，人工智能要有“边下雪、边扫雪”的能力。

在这个“动不动就一个亿”的玩法里，增量信息就是用户兴趣、用户意图的增量，好比把积雪（数据增量）及时扫掉（更新模型）。

几万年不处理，数据就像雪一样堆到富士山顶了。想要精准抓住用户特点，人工智能就需要规模特大（百 GB 级别）的模型参数。模型参数是什么呢？就是商品和用户的特征，简单理解，就是人工智能抓住的特点。综艺节目里的模仿秀惟妙惟肖，这就是演员在表演中抓住了“神特征”。

当特点海量时，参数也会海量。陈奕迅轻唱，“谁能凭爱意要富士山私有？”人工智能说，唱得好。打断一下，在下认为，能抓住富士山雪顶的特点，那才是真爱。目前，整个科技界公认的做法是分两步：

第一步，把 AI 模型做得很大。足够大，才能在这么大规模的群体中精准刻画用户特点。

第二步，在这个大体量压力下，性能还要好。说白了，就是在雪崩中清理雪道，难度可想而知。当 AI 模型超大（TB 级别）的时候，传输、更新，就好比把富士山的雪块全部搬到北海道去。那应该怎么办呢？答案不是搬雪，而是扫雪，而且“扫雪”的水平要高，及时又精准。

举一个“及时扫雪”的例子：假如你和我都用京东 APP，这些海量参数里有一批参数表达了你，有一批参数表达了我。你点击了，就是你的用户行为有反馈了，及时更新你的参数（特点）。

再举一个“精准扫雪”的例子：一大堆雪，要能区分是谁家门口的积雪。扫错了门前雪，就是错误地更新了别人家的参数（特点）。时间往往是最大的敌人，实时性是最难的问题。虽然难，但是业务很受益。

所以，京东零售对实时性的要求十分苛刻。世人常说，昨天之不可能，今日之极限，明日之平常。在京东零售推荐系统（召回过程）里，2020 年做到了 30 分钟级的实时性，2021 年做到了 1 分钟级别的。那么问题来了，如何办到的？

这得从一个人谈起，他就是现任京东集团副总裁、京东零售技术委员会主席、京东零售技术与数据中心负责人、京东零售云总裁颜伟鹏博士。他的英文名字是 Paul，发音简短上口，所以，大家日常称呼他为 Paul 总。

2013 年，颜伟鹏博士初到京东看到这样一番景象，场景多、需求多，研发团队忙得“脚打后脑勺”。谈创新？谁也顾不上。颜伟鹏博士说，这样不行，京东研发体系是采销体系的坚强后盾。

他在一张神秘蓝图的留白处，批了八个字：标准、自动、规范、智能。

2

追溯八年时光，再看烟火热闹。那些年，京东虽然生意亮眼，但是技术欠些火候。颜伟鹏博士在谷歌公司的时候，曾经穿越谷歌与必应搜索“世纪大战”的硝烟，战绩斐然。在他心里，无论业务是什么，技术实力要对标硅谷。顶尖人才需要愿景驱动。

于是，用这张神秘蓝图招揽人才。2014 年春，颜伟鹏博士面试了一位年轻人——包勇军，他身形挺拔清瘦，对技术的热情像白色水雾一样往外冒，简历里写满了全球顶尖项目，反而很少有人提他是北京大学毕业的。

据说，包勇军看过那张神秘蓝图后，转身就入职了，带广告算法团队。

有一件事，大家都知道。颜伟鹏博士倾听汇报的时候，要么不说话，要么只问一个问题便能抓住要害。而那些从颜伟鹏博士办公室里结束汇报、走出来的算法工程师，心里都只有一句话：“你哪里有问题，他一眼就能看穿。”

另一件小事，只有少数几位博士同事才知道。语音识别是典型的人工智能赛道，在语音识别技术试水初期，一个小众语音识别工具需要选型，多位资深专家举棋不定。颜伟鹏博士亲自参加多场选型会，亲自定下了结果（使用 Kaldi 工具）。

一段时间后，其中一名研发人员机缘巧合地请教了一家科研院所专攻此方向的教授，他吃惊地发现教授实验室同方向的组里也用同款工具。

他想不通的是，颜伟鹏博士是怎么定下来的。

在颜伟鹏博士的身上看不到中美时差，他似乎一直兼顾着中美两个时区的日程。北京时间的电话会议开到深夜，次日清晨的技术选型会上，又见颜伟鹏博士的身影。隔天一觉睡醒，京东 ME 里总有颜伟鹏博士的指导性留言。团队在颜伟鹏博士的领导下，避大坑，绕雷区，躲弹片，不恋战，从不“为了技术而技术”。

只为速穿火线，荡平山头，拥兵破阵，策应业务，用技术驱动零售。北京的窗外，西北风横扫一切，窗内“从严治军之风”横扫一切。京东零售的代码质量被史无前例地提升，技术在业务场景里加速创新。

时光流转，颜伟鹏博士当初定下的目标没有变：标准、自动、规范、智能。想做到这几点，绝对少不了一个强大的算法底座。算法和算法底座虽为两件事，但又密不可分，刚柔并济。干的活儿完全不同，还要彼此理解。

一般来说，一个业务场景由一个算法团队负责，一个算法底座团队来打配合。表面合理，本质错误。若是日后业务场景里的算法数量翻 10 倍，算法底座团队数量是不是也翻 10 倍？一路放任，无法无天。这种打法又俗称“堆人战术”，明显是错的，来一个工单，就堆一拨人。这就好比下雪了，派人扫雪，下大雪了，派更多的人扫雪。可是效率呢？技术研发很少讲绝对，但是“研发人效低了”绝对不行。认错很难，尤其是错了很久之后。所以，早期判断，弥足珍贵。

包勇军是怎么干的呢？他把“队伍”分成两路，上路纵队专攻算法，下路纵队专攻算法底座。上路猛冲狠打，下路火线支援。算法冲锋，算法底座支援。在战场上，支援和冲锋同样重要，否则一味冲锋，孤军惜败。

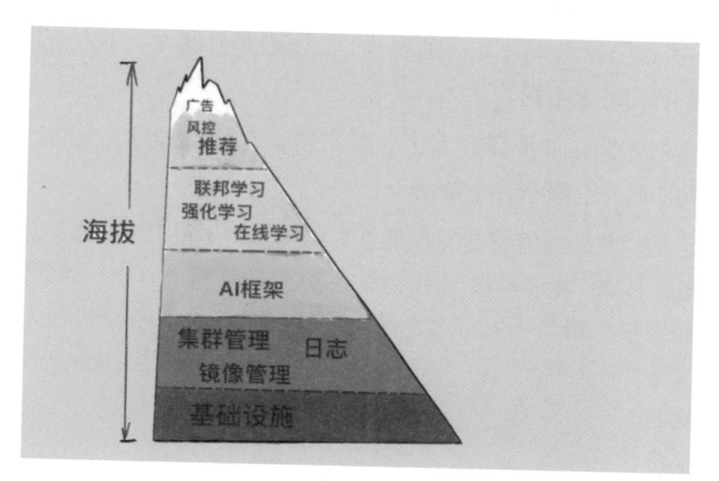

软件开发是一个创造性的过程，但也有许多重复性的工作。尤其是工程越大，重复性的工作越多，还容易引起混乱，得有个“以一顶百”的东西，这个“顶”有顶住、支撑之意，这个东西就是“算法底座”，也有人管这个叫“中台”。

你用，他用，都要用，有一种公共属性。所以，“算法底座”让所有团队共用，从人力角度看，整支部队就能“缩编减冗”“效率大增”。

更重要的是，无论是堆机器、堆人力，都无法在数据的快速膨胀，业务量的高速增长，以及平台的稳定、易用、高效上取得比较好的平衡。理论上讲，线上业务离不开人工智能算法，几亿用户和几十亿量级商品，没有算法，京东就只能“停摆”。事实上讲，更是如此。如果你不信，那就先了解一下，那些人工智能算法是什么样的。

全世界所有电商公司的人工智能算法，都是为了提高购买率（点击率和转化率）。不搞技术就不用记这个，请记住“点击”这个动作，这个动作可是网购界的“最骚操作”。谁网上购物都得用手指头点击，光用眼睛瞅，买不了东西。“点”就是兴趣，“点”就是关注，说到底，这是一场关于“点与不点”的游戏，点击就是好朋友，不点击就“拜拜了您呐，慢走不送”。

点击才是正面战场，点击才是王道，有了点击量，支付、物流等后勤部队才有资格冲上战场。

于是，就像微信朋友圈收集点赞一样，攒了很多“点击”之后，再用黑科技来“猜你喜欢”“找你喜欢”。京东零售的算法三强是广告、搜索和推荐，相当于三台大发动机。这三个算法一停，购物 APP 基本上就是“静止画面”了。也就是说，买个东西全靠手动翻商品目录，可劲找吧。

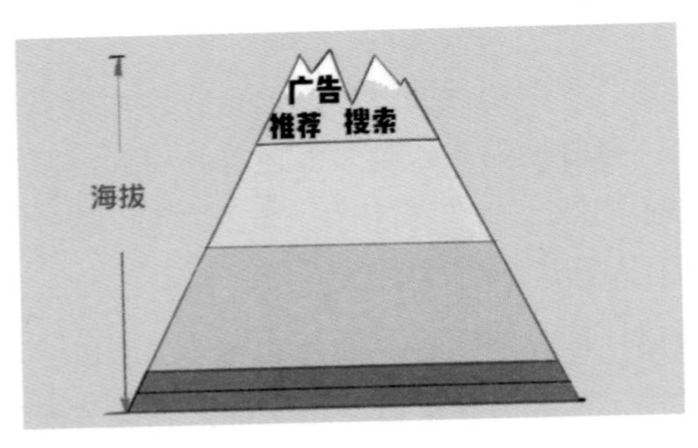

推荐算法是什么呢？

比如，预测每个商品被用户点击的可能性，预测用户点还是不点，点的可能性大的排在前面。想象一下网红奶茶店门口的人排队，但是反过来了，货排队，人不排队。当然，可能点击哪个商品是推测出来的，换一拨人，这个思路可能完全不对。时间对推荐技术也有很大影响。十年前，你为了“凹”造型，做五颜六色的发型；十年后，推测你买防脱生发产品。再如，周星驰喜欢的《演员的自我修养》，买过的用户推测应该不会重复买，那这本书就没有排队的资格了。

广告算法的拳法是什么？

除了多撒网，广告尽量做到谁喜欢，就投放给谁。“人无我有，人有我吹，人吹我换。”

搜索算法的招式是什么？

比如，搜索一下“13 香”手机（iPhone 13 Pro Max），不好的算法搜出来一堆手机壳、充电线，或者型号也不对，出来一堆淘汰款。好的算法就能找到用户脑中所想。算法和算法底座兵分两路，“上路纵队”有多个，“下路纵队”只有一个。先分工灭敌，再集中火力。集中火力是指把重复使用的功能都拿出来，以组件的形式放在软件系统里。难度挺大，既照顾共性，又包容差异。高铁车头始终一个，拉动的车厢从 8 节扩大到 16 节，丝毫不影响前进速度。往大里说，这是一种“新思路”。颜伟鹏博士的要求是，这是思路，也是纪律。

2021 年的时候，有人不经意间向包勇军提及一件事。作为京东零售的“算法大户”，广告算法团队理应最大。奇怪的是，虽然算法团队在不断扩大，但是算法底座的团队规模始终都在二三十人左右，并且丝毫没有壮大的迹象。按道理，日均千万元级广告收入，就这么几个人，不太可能吧？

包勇军的答案再次验证了当初颜伟鹏博士的想法是对的。这个想法总结成一句话，就是“用平台提升研发效率的意识”。这里的平台就是算法平台。它不仅需要“山盟海誓”的技术决心，更需要“海枯石不烂”地遵守纪律。很多人不是被市场打败的，他们是被自己打败的。

3

时间总不经用，转眼几度春秋。

数据，多模态，组织越来越复杂，应用越来越灵活。底层技术，又难又累，算法底座里的底层技术更难、更累，简直就像一个让人挣扎的泥潭。钻研最难的技术，最能磨炼人。2015 年，包勇军在 AI 框架（Theano）上进行适合京东零售业务的定制化开发，这个框架是加拿大蒙特利尔大学实验室的开源软件。那时候很多人都没把 AI 用起来，更别说定制化开发 AI 框架了。

AI 听起来很耳熟，但“框架”是啥？这么说吧，算法跑在算法底座上，算法底座跑在 AI 框架上。所以，很好理解，AI 框架是底座中的底座，属“兵家必争之地”。

技术风向总在变化，兵贵神速，2016 年，包勇军带着团队迅速切入 AI 框架（TensorFlow）的内核。

2017 年年初，朱小坤入职了，专门负责算法底座，带着团队逢山开道，遇水搭桥。他们的口号可能是八个红漆大字，“稳如泰山”“保障有力”。2018 年前后，京东的 GMV（即网站的成交金额，16768 亿元）是 2013 年的 13 倍多，业务的压力分分秒秒传导给技术。

每当任务激增，资源的消耗必然水涨船高。这时候，每个人都以为会有好的资源助攻。然而，颜伟鹏博士提出：“技术能力满足所有团队对于算法和算力的需求，但是，一不能堆人，二不能堆机器。”听到这句话的人，面部表情恐怕是僵住的。

那一年，AI 江湖笃信“计算资源大力出奇迹”。计算资源不够，就好比出去逛街，满世界的好东西，无奈兜里钱不够。那一年，AI 算法创新多红利，算法不够，一脸尴尬，这就像出去比武，你拿了一根破木棍，人家打出一套降龙十八掌，顺带九阴真经、弹指神通、六脉神剑……王者荣耀打大龙，每一次攻击都在耗血。AI 算法跑起来，每秒都在消耗计算资源。

高档货这么贵，用起来要精打细算，底层物理计算机的资源调度立马提上日程了。调度就是一种管理，就是为了用好资源。京东想攻下这个“山头”，一连上了好几个八块腹肌、技术勇猛的精神小伙，可惜，皆铩羽而归。

只要问起底层技术的事情，小伙们就满脸不高兴地甩一句：“帅哥的事，你少管。”实际上，底层涉及的技术面比较广，跨多个技术领域。资源调度也是基础设施，在算法底座的下面是算法底座的“油箱”。核心是智慧集群的管理调度，但是，镜像管理、多集群管理、日志管理、监控等每一样都要管好。

有些人一进门就一股杀气，而朱小坤一进门是一团和气。朱小坤有了一些白发，但每一根头发都倔强地摆出造型，有一种行事低调的艺术家风范。桌面上总摆着纸质的学术论文，脸上总挂着和蔼可亲的笑容，办公桌前伏案的他，更像大学里一位教高等数学的老教授。

618 团队统一发的黑色帽衫，看样子朱小坤要穿到来年。下班后，他扫一辆共享单车，路灯下车轮的影子拉得老长。他编程的时候，帽衫上的京东吉祥物 Joy 似乎也在安静地微笑。想不到的是，这样一位气质上“宁静致远”的人，别人对他的评价都很“激烈”，“别人都搞不定，坤哥搞定了”，还有同事说他工作起来动不动就“连夜突击”。

熬夜加班这事儿，他一听就否认三连，偶尔，偶尔，偶尔。渊源有自来，京东哪个团队不在角落里塞着几张行军床呢？

别人想想要上班编程一整天，心痛不已。朱小坤想想要编程一整天，快乐星球。

他是有一些功夫在身上的，这个功夫就是“20 多年大型计算机系统软件的架构经验”。

别人搞不定的事儿，朱小坤带着团队搞定了。

从此以后，资源就不用你争我抢了，有的分配计算密集型的机器，有的分配高存储的机器。人有忙有闲，机器工作节奏也有潮有汐，统一的资源管理平台，大大提高了计算机的利用率，把计算机“压榨”到底，节约了不少真金白银。如今，这个平台就是现在九数算法底座的底座（资源池化和基础设施层）。九数这个响当当的算法底座，内部有个代号叫“9N”。

2018 年，九数“上岗”，一年内，京东零售团队将 GPU 的利用率提高到原来的三倍。九数“上岗”后，连续两年团队没有采购任何昂贵的计算机。计算资源被打服了，而另一个难以攻下的“山头”还一脸傲慢——AI 的量体裁衣。

岁月如流迈，春尽秋已至。

从 2019 年第三季度到 2021 年第二季度，京东连续八个季度大步增长，活跃用户数增长 2000 万人。以这个体量，想把 AI 用好，只有以大工程的姿态示人。为什么这么说呢？人工智能软件可以很小，仅在一台笔记本电脑上运行。比如，用笔记本电脑写一个猫脸识别的算法，门口安一个摄像头，“猫殿下”就可以迈着猫步一脸傲娇地“刷脸”进门。

人工智能软件也可以很大，全世界的猫同时“刷脸”进门。这时候，笔记本电脑下线了，请上“一条龙”服务。当“大系统”和“一条龙”报错的时候，麻烦就大了。研发的同事高举大大的纸牌子，刷出亮眼的存在感：“为什么我的任务没能跑起来？”

简单一问，暴击三连。

科技公司里，时刻都会面对工程问题，关键在于拿什么心态去面对，公司的企业文化又鼓励员工用什么心态去面对。没有工程文化的科技公司，是没有灵魂的躯壳。

颜伟鹏博士常谈的工匠精神，在这里是一种对“痛苦”的恪守。把痛苦留给自己，把简单留给业务。朱小坤说：“做大型计算机系统软件不出名，技术别人也听不懂，唯一的期待就是业务出效果。”朱小坤提到的大型计算机系统软件，为什么京东非要自己搞？因为没有现成的软件配得上京东庞大的生意体量，配得上京东“策马奔腾”的算法，配得上京东供应链流星赶月的数智化。要想配得上，关键靠 AI。

开源的 AI 软件在工业级的场景里不够用，非得自建流水线，深度定制。有人笑谈，这是艺术，而不是科学，在复杂和简单之间散步，设计决定需要依据科学和艺术。回想起朱小坤的发型，让人似乎读懂了什么。

朱小坤常说：“没什么诀窍，我也是学的。大型人工智能软件对基础设施的依赖非常强，而基础设施的稳定性特别难做，慢慢来，急躁不得。找到一个问题，解决一个问题。”智商是天生的，一个技术极客水滴石穿的匠人精神不是天生的。

有了匠人精神，不靠颠覆式创新，那些又大又复杂的问题也会被解决。这就好比，古代没有水泥，长城照样可以修建完成。深度定制是一个大工程，“规模”和“性能”都让人头疼。

大厂家家都要干，且都揣着绝活。京东的深度定制，不只是定制一部分，是定制一个大全套（流水线从模型开发、模型训练，到模型服务）。

如此这般，最硬核的来了。人工智能没日没夜地训练模型，好比部队要军训，一批算法模型上了战场：训练得好，聪明能干；训练不好，人工智障。

有人对着手机屏幕大骂："啥破玩意儿，APP 里给我推荐的啥东西？"为此，京东零售对不同的黑科技推出不同的 AI 框架，比如，强化学习框架、图深度学习框架伽利略（Galileo）、在线学习框架，而且都是"9N"开头的代号。例如，图深度学习框架伽利略，解决大规模图算法在工业级场景落地问题。

虽然深度学习算法的生产流程的整条链路改动大，但也不能放任自流。一百个模型，有一百种生产方法，这是灾难。

在京东零售，就有标准的生产方法，比如著名的 BERT 模型。还有统一的超大规模深度学习框架擎天柱（Optimus），支撑几十个业务场景，每天都能生产数千个增量和全量的 AI 模型，解决大规模问题的标准化。

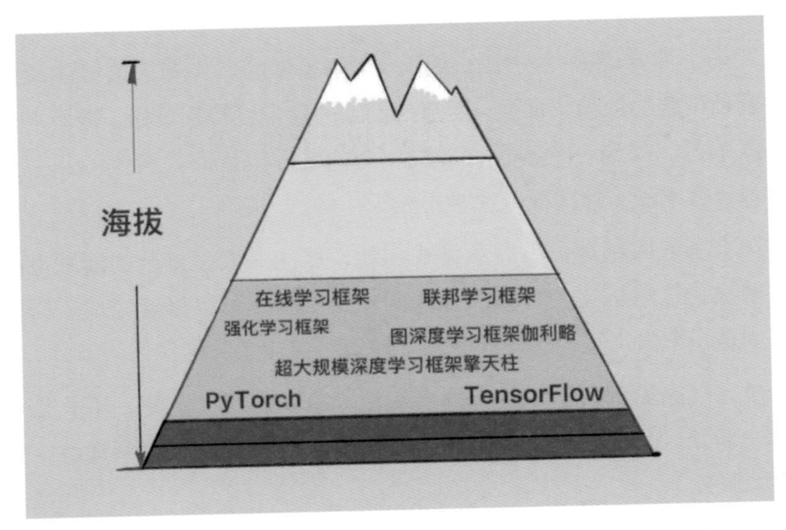

在京东，"重复使用"是人人皆有的意识，无论是对产品，还是对功能。不追求个人牛，而是追求平台牛。

在电话会议上，朱小坤听到一些做法不太对，从不急躁，反复、耐心地说："注意要复用。""不能这样做，不能复用是要挨骂的。"

对图深度学习来说，只有前一部分（样本生成、图存储、采样）不同，所以，底座可以重复使用。这样，图深度学习和在线学习用了同一套底座。

时至今日，京东零售算法底座用同一套系统和同一套代码，支持了集团的一大帮兄弟公司——京东物流、京东健康、京喜，将"复用"发挥到了极致。

颜伟鹏博士说："AI 技术的高速发展无疑颠覆了我们的想象，目前 AI 技术的应用已经贯穿于京东零售整个商业流程。"

商业和技术无法分割，京东零售谈 100 次技术，就会谈 101 次商业。

4

只要一个地方足够大，就有人容易迷路；只要一个软件系统足够大，就有工程师苦苦挣扎。

更别说 C 字头的高管在使用京东 APP 的时候发现搜索结果有问题。比如，你随手在京东 APP 搜"连衣裙"，搜出来一个穿着连衣裙的洋娃娃。还愣着干嘛？排查错误原因呀！

算法工程师一听，连夜"扛着绿皮火车跑了"。

算法工程师说："为找错误，我三天三夜熬红了眼，全程手动写程序。行行好，给一条活路吧。"

找错误，会让人血压升高。

因为一方面在复杂系统里排查要横跨多个 IT 系统，牵扯多个业务系统。疑难杂症肯定得专家医生会诊出结果，找错误难不成要惊动所有人？

另一方面，在复杂的服务集群里排查，难如登天。海量服务挤在一起，可能一个服务就需要成百上千台的物理计算机协同工作，一旦某一台计算机的服务出现了问题，开发人员想定位问题，犹如海底寻针。

怎么办？

这时候需要一款软件担任摄影师的工作，而且是极其擅长抓拍的那种摄影师，“喀擦”捕捉精彩瞬间，再用照片分析所有问题。难点在于，以每次请求的唯一标识为脉络，忠实可靠地记录该次用户请求在经历了推荐广告中所需的所有流转环节的数据，以数据为骨，勾勒出一次请求。

这款软件在京东叫作“观星”。观星能在极短的时间内（排除运行着相同服务的计算机的干扰，在每秒钟都要收到上百万条请求的海量数据），快速定位问题，直捣错误“老巢”。

这里说的“极短时间”，一位京东算法工程师是这样形容的：“原来排查一个错误情况可能得三四天，现在一个小时就可以了。有了观星，就可以查看 AI 模型的实际使用效果，因为早就对 AI 模型的出入口（输入和输出）‘咔咔’拍了快照，所以，欢迎随时问诊疑难杂症。”

在我们今天的世界里，很少有人会像战争中的军人那样直面生死，但是对于大型平台电商来说，大促就是“生死”关头。少有人知，颜伟鹏博士还有一个身份：京东 2020“11.11”大促技术指挥官。

少有人知，他在 2004 年 1 月 1 日就加入了谷歌，曾任谷歌中国的高管。

在谷歌，颜伟鹏博士养成了一个习惯，他每一天都思考：威胁在哪里？什么变化会让业务死掉？保持竞争力该怎么做？他在这“灵魂三问”中度日。

颜伟鹏博士说：“过去的二十多年中，京东零售已经建立了一个令人印象深刻的零售科技基础设施。”

八年前，京东只是一家“卖货”公司。八年后，京东是一家构建在供应链基石之上的数智化公司。这八年，恰逢中国数智化转型承前启后的黄金雨季，在摸索中开创的人，会在潮湿的地面上留下脚印。

第 8 章

揭开本质：中国智能供应链走到了哪一步

1

刘强东有几个问题，你能不能帮着出主意？

（一）

天下武功，唯快不破，手快有，手慢无，能在京东主站秒杀，都是侠客。秒杀商品一年内可重复，但不能经常重复，因为消费者容易对打折活动产生疲劳感。问题来了：请帮忙从京东 500 万 SKU 的商品中，选出 3000 个 SKU 的商品参与秒杀。全年日日如此，截止到每天中午 12 点之前，你建议刘强东选哪些商品？

（二）

据说，没有一头驴能活着走出河北。一位爱吃驴肉的保定朋友在京东买了一个五香驴肉熟食礼盒，时效好、成本低，并且还送到他家。从地图上看，河北保定距离北京和石家庄的仓库都挺近。问题来了：驴肉礼盒下单后，你建议刘强东从哪个仓库发货？

（三）

后疫情时代，药品、医疗器械、保健滋补品的销量就没有稳定过，忽高忽低，有了零售药房和在线医疗健康服务，这类商品的种类数量也大涨。以前一个人管 10000 个商品，现在一个人管 15000 个商品，涨了 50%。问题来了，顾得了卖货，就顾不了进货。人不是机器，管不了这么多数量的商品。你会建议刘强东怎么办？这些问题是刘强东的难题，也是京东员工的难题，KPI（关键绩效指标）、OKR（目标与关键成果）、绩效、奖金和收入都会关系几家上市公司的股价。

员工

80 后：“下班教孩子做奥赛题，上班自己做奥赛题。”

85 后：“一时做，一时气，一直做，一直气。”

90 后：“几百万行的 Excel 报表，人类难以完成。”

95 后：“这届老板不听话。”

97 后：“那我走？”

做生意，从简单粗暴的奔放玩法，到了要思考战略、步步为营、精打细算的时候了。

京东也一样，其管理指标有几百个，不能一个一个地拆开了讲（第一，文章太长；第二，需要另外收费）。且看库存周转天数，京东自营商品把商品买进来，再卖出去。又进货，又卖货，所以，库存周转天数少，说明产品畅销，商品流转速度快。

沃尔玛的存货周转天数为 39 天。京东的存货周转天数为 31.2 天。

供应链有几百个管理指标，刘强东都要求这些指标达到极限数字。怎么挑战极限呢？这是一个好问题，可以开始讲一个好故事了。有三点：故事的背景是什么？是谁的故事？他们干了什么事情？故事背景在前文提了一下，我们中国的企业向管理要效率，要了很多年，毫无意外地向量化、自动化靠拢。

另外，企业内部闭门造车的创新已经很难了，需要更多外部的人一起创新。供应链上就会讲，和上下游一起创新。从一开始，供应链就没给自己起一个好名字，因此耽误了大众的认知。它明明是网状的，比链状复杂，还不如叫“供应网”。在北京亦庄开发区的京东大厦，保安可依据一个人能否说得出“十节甘蔗”，来判断他的身份——访客或者员工。这“十节甘蔗”是创意、设计、研发、制造、定价、营销、交易、仓储、配送、售后。

“眼神”不好的也看出来了，这就是供应链。京东花了十几年时间，打造了供应链，未来要做的，就是死抠供应链管理指标。小问题能解决，多派几个能力强的人即可。但是，“供应链的痛点”就不一样了，连根拔起结构性的痛点要出动好几个部门的人。

更可怕的不是公司内部的问题，是上下游传导来的“痛点”。牵扯到公司以外了，就有人会说“这又不是我的‘锅’”。每个人都耸耸肩，两手一摊，这个事情就“黄”了。

2

如今，京东自营 90% 的订单能在 24 小时内送达用户。网购不像外卖那样全靠外卖小哥的两条腿跑得快。

从快递小哥往供应链上游数，建仓储网络，每加一层，加 1.4 倍的钱。仓库不能空着，铺满仓库的安全库存是货，也是钱。没办法，这么玩，就是到货快。

胡浩，2014 年进入京东零售平台部。

那时候，做智能供应链的思路还处于萌芽期，按胡浩的话说，就是："只有一件事最重要，就是供应链的效率"。胡浩的洞察力很强，三言两语就能抓住事物的本质，复杂的东西经他一点拨，犹如醍醐灌顶。智能供应链要有供应链专家，还要有人工智能专家，一个都不能少。胡浩的工作和大名鼎鼎的袁和平（电影《黑客帝国》的武术指导）有点像。在胡指导的带领下，第一代智能产品的研发开始了，叫"自动补货"，是一个 CEO 级的项目，刘强东都来站台了。暗地里，胡指导"招兵买马"，藏了一批秘密武器一样的特殊人才。有多特殊？有多秘密？顺丰科技、滴滴、美团，甚至华为诺亚方舟实验室，也都隐藏着这样的高手。人群中，衣着朴素，毫不起眼，实则，很多人是海归毕业，博士学历，解得一手好方程，编得一手好代码。他们就是运筹优化工程师，首先他们是算法工程师，意味着用各种算法解决实际业务场景中的问题。实际问题比实验室的问题的约束更多，条件更多，限制更多，也更难。这句话背后包含了三种高含金量的罕见技能。

首先是运筹学（在抽象中建模与优化），它将实际问题化为一个优化问题的求解。

其次是大数据与人工智能（数据分析、数据挖掘、深度学习）。运筹优化和人工智能这两个领域之间的交叉研究也有很多。交叉学科与传统意义上的跨学科不一样，要打破割据，做彻底联合的努力（这句话也透露出面对很多难解的问题时的无奈。），这样的人才很稀少。人力资源的人客客气气地说："你等一下，胡浩亲自来劝说你。"即使这样，也一崽难求（库存优化方向、智能预测方向、收益管理方向、履约决策优化方向）。为什么？粗算一下体量差距，我们看看知乎 APP 话题的关注人数，运筹学约 1.7 万人，机器学习约 100 万人，人工智能约 140 万人。换句话说，胡指导带的团队从事的工作是热门（人工智能）里的冷门（运筹优化）。

2016年11月24日，零售平台部改名叫Y了，招了一堆酷学历、“硬科技”背景的人。据说，Y已经是整个京东高学历人群密度最高的部门。对，就是未知数X、Y、Z的Y。胡指导作为研发带头人，常说：“智能化是终极目标，但是，我们要沿着规则化、线上化、自动化、智能化分步走，离开了业务专家knowhow（技术诀窍）的智能产品，是没有命活下去的。”

胡指导说的“没命”，就是技术再酷，用起来才算数。

Y团队中有两位博士，一位叫康宁轩，另一位叫戚永志。他们分头在两款不同的智能产品上不断努力。

日历翻到2017年1月，京东坐拥规模庞大的物流基础设施，本可高枕无忧。但是，预见到了一个糟心事儿——配送站选址，怎么让配送更高效？

康宁轩是清华大学管理科学与工程专业博士毕业，他作为高级算法工程师，很早就开始琢磨“配送站智能选址”的问题。听上去，这个和房地产的逻辑有些类似。

最重要的就是“位置”“位置”，还是“位置”。配送是用重金“砸”出来的，选址决定配送起家的成本是多少。选址规划原本靠经验，定出一个年度计划要一个月以上，耗时就不说了，人为犯错的成本还很高。那么，如何进行科学、可量化的站点选址？胡指导敲敲桌子：“重点是成本和效率。”项目的开头，如果能把物流配送的最后一站全部拆了重建，重新规划，倒是简单了。这样做，你试一试？一群穿红色衣服的京东快递小哥会把你的办公室团团围住，他们可能会嚷嚷：“是谁，是谁强迫我们的站点搬家？站出来！”康宁轩博士用脚指头也能想到，这么干不行。于是，只能从现有系统过渡到更高效的系统。可是，算法的可优化空间受到极大限制。一来，京东的配送规模非常庞大。二来，业务部门的同事列出一堆业务限制。若满足不了这些限制，你就走人。康宁轩博士说起话来文质彬彬，他平静地说："这样导致优化模型中存在大量的变量和约束，给模型求解带来挑战。"对于这点，我专门电话请教了申作军教授，申作军是美国加州大学伯克利分校的教授。

"为什么约束条件越多，算法越难解？"

"这就跟你相亲的条件越多，越不容易找到对象一个道理。"

申作军教授开启一语道破天机式的科普。原来供应链的痛点和"单身狗"的苦恼一样难解。求天，求人，还得求缘分。就像《时间简史》不"捡屎"，康宁轩博士也不管"猿粪"，他和团队要做"智能建站"。于是，建立了一种多周期设施选址的混合整数规划模型，设计了一套高效求解算法，以年作为规划周期，为配送系统制定每月站点调整计划。所有的智能都会和人脑有终极一战。"智能"做不过"手工 + 经验"，那就下岗吧，胡指导的面子也不是砧板。最后，康宁轩博士赢了。和人脑比较起来，智能建站是一套自动评估决策的机制，仅在数小时内即完成全年的站点位置规划。康宁轩博士自豪地刷出一串数字，他说："与手工计算方案相比，智能建站方案年可节省成本总计超 8200 万元，占网络总成本的 4.2%。从终端站点到客户的包裹，平均配送距离可减少 20.9%，从 3.83 公里减少到 3.03 公里。"

寒来暑往，2018 年 12 月，项目结束。做事一向低调、谨慎、负责的康宁轩博士激动地发了朋友圈"时隔多年，又见论文录用"，这个信息恰巧被我看到了。

"配送站智能选址"项目结束了，我问他："你是啥心情？"他说："通过自己的专业知识，对京东现有配送网络做出优化和改进，为全社会物流成本的降低贡献一份力量，感到非常欣慰。"论文《基于多期设施选址模型的京东配送网络优化》，英文名为：

JD.com Improves Delivery Networks by a Multi-Period Facility Location Model，发表在应用运筹学领域的学术期刊 *Informs Journal on Applied Analytics* 上。这是美国运筹学与管理科学学会 Informs 旗下的重要期刊之一。

那个五香驴肉熟食礼盒，以及送到保定朋友家里的奥数题，已经让配送站智能选址项目把答案偷偷写给刘强东了。

3

有些人一旦动了挑战极限的念头，就不可能真正放下。胡指导想让供应链“身手敏捷”，越来越“聪明”，不要像传统供应链那样僵化，没货只能吵架，拉车去抢货、干等枯坐。胡指导拿了一堆模型、算法、规则直奔智能化而去，对零售业务的专家们来说，这都是上好的“武器”，拿来练武艺。

时间回到 2017 年，智能补货的前两代还算顺利，“第三代”差点要人命。而第三代的技术也真正走进了全球供应链技术的第一梯队。作为堂堂“武术指导”，胡浩请来“武林宗师”申作军教授，他背后还有京东硅谷研发中心的几百号专家。

说干就干，2017 年 12 月，常年在美国的申教授坐到京东办公室里了。胡指导和申教授一拍即合，申教授说：“我为拥有最全面数据的零售供应链和最有挑战的供应链问题而来。”

陈磊是 2014 年 9 月底进入 Y 的。陈磊的特征很明显，随便扫两眼就知道，他已经修炼到了研发人员的第十级。

智能补货有多难，不用多说，看这个项目上了多少“大神”就知道了。

申作军教授、胡浩、陈磊、戚永志博士等研发团队的一帮人天天在一起，几个月后，他们有了一个共识：

“用机器学习的方式来解运筹的问题，而不是用运筹的问题来解一个机器学习的算法。”当你面对面听到这句话时，仿佛能看见胡指导带着研发团队，齐刷刷地擎着雨伞，从漆黑的暴风雨中快步走出，伴着电闪雷鸣，霸气逼人。

胡指导很清楚，老的方法已经把效率提到了极致，要再前进一步都非常困难。

申作军教授是这个项目的学术带头人，我常常缠着他请教：“有一个小问题，结合供应链看，运筹优化问题的难点在哪里？”申作军教授先否定了“小问题”的说法：“这可不是小问题哟。”接着，他又回答道：“难点在于，信息的不确定性和缺乏有效的求解算法。”你知道人类最大的武器是什么吗？是豁出去的决心。

最艰难的不是开头，是重建，因为那是另一种形式的开始。火云邪神没有出手，京东自己动手，震碎筋骨，重新生长，打通“智能”的任督二脉。为了“效率”，不惜把整个公司的流程都改了。

2020 年 2 月，自动补货系统正式下单，总感觉缺一个仪式，就好像新娘要揭开红盖头一样。没想到，这个“红盖头”是被运筹与管理领域最权威的一批专家掀起来的。

2020 年 11 月 24 日，论文《基于深度学习的实用端到端库存管理模型》（*A Practical End-to-End Inventory Management Model with Deep Learning*），被顶级期刊 *Management Science* 录用。

一位从美国留学回国的算法专家，原本还在犹豫要不要接另一家公司的 Offer（职位），看见这篇论文立刻说：“马上办入职手续。”出发时，他根本无法想象这一切。

胡浩感慨：“你要是问我当时的心里话，我都不认为智能补货有成功的希望。”算法预研在 2019 年，那时候的胡指导“卑微”极了，智能还是智障都解释不清，只能从小做起，从“给人建议”起步。不是每个瞬间都充满鲜花、掌声、香槟和庆祝，谁都必须经历这些低谷。

那时候的胡指导哪敢想象以后还有自动下单、智能托管和超级自动化。

科幻电影看 100 部也编不出来。2021 年，谁也没有想到，“自动补货”的下一个阶段“智能托管”，说来就来。

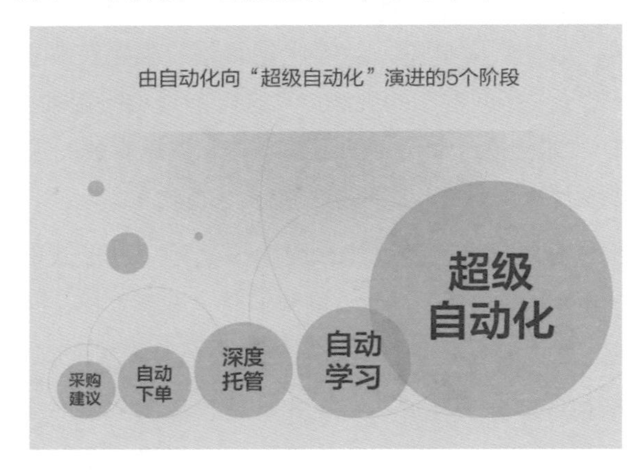

“自动补货”即图中的“自动下单”，“智能托管”即图中的“深度托管”。

···> 4

因新冠疫情，人类付出了巨大代价。

2021 年，自诩万能的生物无奈承认，这病难以彻底从这个星球上根除，而且还时不时地“窜出来”吓唬人。供应链里，一个决定着下一个决定（这不是绕口令，严肃理论叫作牛鞭效应）。

技术改变了传统的供应链。

供应链从靠人脑分析总结，向智能化过渡。这个过程是缓慢的，需要耐心。

然而，新冠疫情一来，全行业“翻了天”。供应链快速迈了几大步。京东集团副总裁、京东健康 CEO 辛利军曾表示：“往前算 20 年，都没有什么力量能像这件事（新冠疫情）一样，改变了人们的健康消费和看病买药的习惯。”单单谈数字化，难以劝服人，布道者说一千道一万地劝传统行业加入数字化。可是，传统零售的采购和销售人员不在意，也不关心。内心旁白：“跟我有什么关系。”但是，当你说到流程，这就有关系了。流程是每天、每周、每月，一定要用一定的规则去做一些事情。这么说有点抽象，这里举个例子：进货前需要下单，这是一个必备的流程。早期，采购专家可能每天在 Excel 表里导出一堆数据，观测过去 7 天、14 天和 30 天的销量。讲真，数量少还可以用肉眼观测。对于十万甚至上百万行的表格，怎么观测？你只能边“观赏”，边感慨：“哇塞，公司业务发展可真快呀！”下一步，你还得结合过去 7 天、14 天和 30 天的销量，算未来一个月要卖多少。这些计算都是预测，算完后再下单。当然，还有去哪里下单，货从哪里发到哪里，这个计算量这里就不展开讲了（仅京东健康就在全国范围内拥有 241 个药品和非药品类的专属仓库。）。2020 年上半年新冠疫情期间，京东健康日均在线问诊量达 9 万人次，是 2019 年同期的 6 倍。2020 年 618 期间，慢病用药成交额同比达到了 270% 的高速增长。这意味着，之前一个人管 10000 个 SKU 的商品，现在一个人管要 15000 个 SKU 的商品，涨了 50%。

太突然了，让人怎么活？

有道是，“福无双至，祸不单行”。

生意在大步增长也就算了，管理的精细度也在增长。采购专家的心情阴郁，天色乌黑，内心在下滂沱大雨。胡指导和他的团队伴着电闪雷鸣，又出场了，台词是：“听说下雨天和智能供应链更配？”

2021 年的某个春日之晨，意见分歧和琐碎争执都已无关紧要。销售采购和研发被同一个目标紧紧捆在一起，团结在一起，决心把事办成。

方案讨论会上，弥漫着相互尊重和支持的气氛。

会上坐着一位女士——京东健康供应链服务部负责人王海华。王海华管什么呢？整个京东健康的全部库存都归她管，多霸气！她说话做事干脆利落，开门见山，直奔主题：“你的（智能）工具的导入是要时间的，用智能化工具的时候到底有什么痛点，单纯做调研和访谈是很难深入了解的。”为了率先表示诚意，胡浩拍拍胸脯说：“我外派一个全职员工，直接去你那里办公。”当时，一拍即合，胡浩团队的人到采购团队，不仅仅是轮岗或者学习，更多的是上手亲自操盘采购。那个换了工位的研发员工叫招扬，他内心可能会说：“当时，我的‘灵魂’怕极了。”因为他需要直接去操盘采购，然后出方案。堂堂数据科学家，拳打《高等数学》，脚踢《统计学习方法》，难道搞不清楚该进多少货？那时候，高效且有建设性的沟通方法可能是往对方脸上扔东西。这样，至少发泄了胸中憋着的怨气。

团队的研发专家熬了几个通宵，发际线又后退了一厘米。

一个独创且有专利性的东西问世了。研发专家内心想求表扬：“让夸奖来得更猛烈一些吧！”采购专家站起身，看了看，又坐下了，笑容僵硬地说：“说来惭愧，我用起来一丁点感觉都没有。”求表扬的心枯萎了，研发专家很沮丧。然而，研发专家一抬头：办公室为什么很吵？

原来，昨晚顺手加的一个功能让整个采购团队兴奋了一上午，以后不用手工填数填到眼瞎了，这个功能就叫“批量导入导出”。研发专家“甩”出了 3000 个白眼，内心独白：“你这也叫技术含量？我一个算法的迭代，精度提高 40%。”别说处理表格，以前需要人工写个 SQL 语言去库里“拿数”，现在这些事情都交给“采购智能托管”去干了。这期间，王海华的团队和研发专家们有截然不同的感受。王海华说：“这一切告诉我们，采购智能托管，哪怕一个小巧思，带来的也是上百个采购人员的效率提升。”研发专家的感受比初恋还深刻：“你不仅要技术领先，还需要良好的沟通能力去说服别人怎么更好地使用技术。”毫不夸张，业务跟智能产品之间需要一个翻译官。“技术跟采购，他们总是不能听懂对方要表达什么，”王海华在旁边冷眼观察，说道，“这一点特别好玩，要给他们配翻译。”说者无心，听者有意。胡指导真的在 Y 部门建了一个运营团队，负责“翻译”。可见，要扫清多少因沟通产生的障碍。对了，终极一战都是智能产品要超过“人类”。对于王海华团队原来的工作量，胡指导团队十分清楚：假如一个品类有 10000 个 SKU，有 8 个仓，安全库存数就是 10000 × 8=80000。一个人不可能每周逐一去细算 8 万行数。招扬说：“我们弄了一套方案，肯定没问题。”王海华说：“我不信。”招扬坚持说：“采购智能托管产品，管理得好。”王海华坚持说：“人类，管理得好。”双方陷入了僵局。王海华实在很缺人，想到缺人这事，拳头都不由地攥紧。

别人不理解她，招扬理解她：“人手不够，短期解决不了，她其实希望智能产品来帮忙，但毕竟要支撑销售，她担心管不好，给销售造成损失。”招扬说：“不然，我们拿历史数据来算一遍，古今对比，人机大战。”让人类和机器比拼，怎么比？胡指导团队让“采购智能托管”算前一年的量，再拿真实的量一比。实际上，就相当于用炒股模拟盘。把计算机出的炒股的策略放在前一年涨跌里算一遍，用这个策略，到底是亏还是赚。招扬“钻研”历史数据，就快编一本供应链的《5 年高考 3 年模拟》了。模拟盘结果出来了，嚯！约 90% 多，比前一年强，约 10% 不如采购员工的“手艺”。事实让王海华接受了这个东西，还和研发人员一起研究如何用得更好。

如今，王海华手下近 75% 品类的商品都用上了采购智能托管产品。“托管”之后，喜讯连连，周转天数同比下降十天左右。回到开头说的，“福双至，祸无影”，终于做到了。生意大步增长，管理的精细度也在增长。胡指导说：“目标是覆盖越来越多的品牌，一路做下去。”过去，供应商打电话说：“我要断货了，你赶紧囤！”多紧张。现在，自动下单，多逍遥。

节约了采购人员的时间，他们都去“摸鱼”了吗？王海华说：“采购专家要和人打交道，上下游协同的工作是人与人交流，把控关键风险点，不能在办公室里被 Excel 表格困住。”招扬是数据挖掘工程师，他负责用智能来优化库存。这事儿成功的背后有很多位王海华和招扬，他们中缺了谁都不行。供应链管理具有弹性，人为的因素有很多，面对很多不确定性。而用好人工智能技术的地方就是人多且效率低的地方。供应链是沟通出结果的地方，要和人打交道，去理解需求。给“人”腾出时间，就创造了价值。所以，供应链是一个很适合用人工智能技术的地方。感受到供应链的变化，子弹需要飞一会。

知乎 APP 有一个几句话的帖子，阅读量达 5.5 万人次。“（我）妈妈长期在网上买治疗神经的药物，说价格比实体店便宜一半，一盒依帕司他，实体店 40 多元，网上才 20 多元，到货以后扫描也显示是正品，有可能是假药吗？如果不是，医药行业的利润真的这么大吗？”

知乎体的问题是：“网上买药为什么比实体店便宜，价格近乎悬殊一半，药到后经扫描显示是正品，这是为什么呢？会是假药吗？”很多人不知道，京东健康旗下的京东大药房是国内最大的线上零售药房（按收入计）。

这背后是供应链带来药品流通环节中的效率提升。关于药品利润，这很敏感，很不好讲，说不定就动了谁的奶酪。我们仅看用库存周转怎么把商品成本降下来。如果你能准确预测某一商品的销量在全年的哪几天最高，那就在增长前把商品提前一天备在仓库里。否则，为了让买家随时下单都有货，京东全年都按最高销量备货，成本是很高的。比如，100 天里有 99 天卖 1 件，1 天卖 100 件，如果要保证 365 天都有货，一天缺货都没有，就需要天天备 100 件库存。

如果准确预测了是哪天卖 100 件，就可以在大部分时间只备 1 件货，这就会大大降低库存水位，优化库存周转率，从而节省成本。

把备货的成本省下来，你就得预测准确，越准确，就越省钱。这是规律，不是秘密。抓住供应链的规律，让商品周转天数下降，带动商品供应链成本降低，售价自然就能降低。

关键在于，有了智能产品，才能精细化地管理采购，才能给商品降价的空间。

这里的利润不是从别人嘴里抢来的，而是从量化管理中抠出来的，归根结底，是效率创造的。这一切来自京东供应链的底气。爆涨的单品数量怎么管？刘强东也有答案了。

5

网购，贵在手速。用兵，贵在神速。如今，智能供应链也打起了“闪电战”。众所周知，京东管理了超 500 万个自营 SKU 的商品。在过去，是人脑决定哪些商品，以什么样的价格参与哪天的秒杀。

比如，电脑显示器这个品类，工作人员每人每天花好几个小时提报，仅一周人工提报的次数就超千余次。2021 年年初，用智能系统选择参加秒杀的商品项目开始了，京东的博士管培生徐文杰驻场深度操盘调研。

现在，初战告捷，仅秒杀智能选品第一阶段，就节省员工 50% 的精力。到底选哪些商品拼手速，刘强东也有答案了。眼下风尚既变，无人超市、社区团购、直播带货，但是，依然围绕人、货、场三件宝。

无论宝贝怎么变，供应链是根本。胡指导说："自动化绝对是根据公司的需求分阶段来做的。如果在不合适的阶段太着急上自动化，就会有反作用，会给公司造成损失。

如果业务模式都没有跑出来，业务不成熟，玩法一天一个变化，智能系统怎么支持？"618 走过十八个年头，"爷青结"。这十八年里，供应链功不可没，让人从容面对巨型流量。我相信，京东不会说："保护好智能供应链的配方，不要泄密。"

因为供应链创新 2.0 已经不是秘密配方的时代，说得难听一点，在供应链上闭门造车没用。智能供应链是一个未完成的故事，也许永远也不会结束。

京东零售智能供应链 Y 业务部负责人刘晓恩说，把"库存周转天数降至 31.2 天"，这是一个世界级的数字。

用胡指导的话说，就是："我们也很想知道，智能供应链提升效率的极限到底在哪里。"

第9章

DPU的风暴与咏叹调

DPU是继人工智能芯片之后的又一大热点。

业内人士笑谈，那些投资人钻研DPU的热情，比造DPU的人还高。有人在问DPU芯片是啥的时候，创业公司里，飘来一个熟悉的女声："支付宝到账，人民币一亿元。"没错，就是融资额经常上亿元。

别说互联网大厂，国字头大基金也刀背藏身，眼睛直勾勾盯着DPU，伺机而动。云厂商对DPU芯片的渴望，是歇斯底里的。这逼得造DPU的人鼻孔喷血，双眼冒火。而坊间有个说法，DPU只有两个品牌——亚马逊云和阿里云算一类，以及其他类。

DPU的故事，要从好久之前讲起了。

1.

1998年，美国斯坦福大学的球场上，尖尖绿草被阳光温柔抚摸，孩子们尖叫雀跃，球衣鲜艳，带风奔跑。球场外，一些家长等着接孩子回家。他们中有的是斯坦福大学的同事及其家属。左右无事，家长群里的两位闲聊了起来。

"最近在忙啥？"

“创业了。”

“创业方向是啥？”

“在一台计算机上可以跑多个操作系统。”

提问的这位男士，文质彬彬，听到回答，突然眼睛一亮，脱口而出：“这个想法挺好，很新鲜。”

最怕一流行家，遇见了一流行家，一聊就迸射火花。两位家长在球场边，就地达成投资意向。这位家长，不，这位看准就出手的早期投资人，气质儒雅，风度翩翩。他就是张首晟，著名华裔物理学家，杨振宁的爱徒，主要从事凝聚态物理领域的研究，斯坦福大学终身教授。创业的那名家长也不简单，叫黛安·格林（Diane Green），一位天赋型女性管理者，从创业之日起，就担任高管，掌管公司长达十年之久。

后话是，她还管了一阵子谷歌云。

此番操作，把孩子们都看懵了。

另一个孩子的爸爸，黛安·格林的老公，是斯坦福大学的教授，孟德尔·罗森布拉姆（Mendel Rosenblum，简称罗教授），是公司的首席科学家，他也是操作系统领域的世界级专家。

彼时创业路上，夫妇俩刚刚动身，公司名叫 VMware。

二十多年后，这家公司成为虚拟化技术领域的巨头。

计算机技术的术语，常常闪烁理性光芒，而“虚拟化”这个词，一看就是镜花水月，太虚幻境，把一种仙风道骨的玄幻气质“拿捏”得死死的。不意外，虚拟化技术的一开始：学术研究站 C 位。为数不多的高校在研究，美国斯坦福大学、英国剑桥大学。

屈指可数的公司在探索，IBM 公司、英特尔公司、微软公司。

20 世纪 70 年代是虚拟化学术研究的黄金年代，有多篇学术论文为这个方向奠定了理论基础。科学技术这行，光凭论文不行，得拿出东西来，还得用起来。人们等有代表性的公司诞生，年年等断肠，从七十年代，到九十年代，一等二十年。

据 VMware 公司 CEO 黛安·格林回忆，一天晚上，罗教授回到家，谈起工作，他说："我想重新审视虚拟化，将隔离引入操作系统，能同时运行新旧代码，又不必构建一个新的操作系统。"

想法像洪水一样从脑中涌出，罗教授非常激动，第二天醒来，就开始做原型。

不久之后，澎湃的行动力，让罗教授和他的学生们实现了 X86 服务器的虚拟化。

科学家的朋友圈往往光芒四射，创始人集齐五位专家，摆开了阵型，对虚拟化发起冲锋，这一次被载入史册。

"攻下" X86，打开虚拟化由守转攻的新局面。相传，虚拟化技术公司的文化和互联网公司的文化不同。美国斯坦福大学的学生闭眼挑 offer 的时候说，谷歌的文化吸引年轻人，"撸狗上班""睡衣轰趴"，而 VMware 公司的员工则能在公司安稳地结婚生子。随后，学术派传球至边路，PC 的虚拟化接球。虽然在小型 PC 机时代，虚拟化不是刚需，但是开创了硬件新玩法，沸腾了极客的热血。

小心翼翼问一句：虚拟化是不是在骗 CPU？

理直气壮回答：CPU 有一种被骗的"能力"。

虚拟化技术很厉害，还是要戒骄戒躁，后面的路，还长。

2.

无疑，VMware 公司是成功的，当开源世界崛起，软件甩开商业软件的统治，开源极客走上舞台。请大家记住这两个虚拟化技术的精神领袖，因为他们对 DPU 的发展至关重要。

按姓氏笔画排序：安东尼·李国瑞（Anthony Liguori），美国人；张献涛，中国人。2001 年，英国剑桥大学计算机实验室，Ian Pratt 教授带着几个博士生做了一个非常知名的虚拟化项目，叫 Xen project。Xen 的读音和“than”有点像，但不完全一样，发音不吐舌头。Xen 有一个庞大的、活力十足的开发社区，深远地影响了云计算、虚拟化和安全技术的发展。两年后，Xen X86 虚拟机监视器的第一个稳定版本就问世了。

2004 年，张献涛在武汉大学念博士。但是他有点担心就业，因为虚拟化技术的择业面太小了。

读博士，勤奋很重要，有一位好的博士导师也重要。张献涛的博士导师，是全球知名的密码学家卿斯汉。张献涛一定是花掉了很多运气，才遇到了这么一位好导师。他一脸慈祥地对张献涛说：“虚拟化这个研究方向，我和英特尔有合作，你先去那里实习，别担心，我帮你安排，剩下的，要看你自己了。”

而今看来，卿斯汉教授将张献涛送去企业实习，是完完全全从学生的利益考虑的。于是，张献涛在英特尔从一名实习生做起，一做就是 3 年。时光飞逝，他技术水平飞涨，于 2008 年正式入职英特尔。他可能也没有想到，这份工作一干就是 9 年。

把镜头摇到 2002 年的美国 IBM 公司，虚拟化的另一个前沿阵地。

一位名叫安东尼·李国瑞的大学生，在学校读书期间一直在 IBM 实习，每周 20 小时，连续 4 年，风霜雪雨，从不间断。2006 年，安东尼入职 IBM Linux 技术中心，成为一名软件工程师，这份工作一干就是 7 年。人这一生，如果能找到一个真心喜爱的技术作为爱好，然后不计成本地付出时间和耐心，用心打磨，收获的将不只是一个拿得出手的技能。更重要的，还有一个脱胎换骨的自己。

也许某日傍晚，红霞染尽天边，张献涛在看云，安东尼也在看云，可能会有那么一瞬间，他们都意识到自己要和这个名字极富诗意的技术，打一辈子交道了。

世间因缘，因缘世间。

3.

芯片江湖，有人，有酒，有故事，就有批评英特尔的声音。在 PC 为王的时代，因为虚拟化不是主流，所以英特尔 X86 指令集对虚拟化的服务态度很不友好。这“锅”，得英特尔背，还背到了 2005 年。英特尔在那一年才笑脸相迎，态度友好，在 CPU 里面做了一些扩展指令集。这次重拳，扭转了虚拟化的乾坤。

那一年的 11 月，英特尔宣布其产品支持硬件虚拟化（VT-x，VT-d），AMD 也迅速跟上，宣布其产品支持硬件虚拟化（SVM）。别看姗姗来迟，但是这套技术也足够硬核，能做出来也很了不起。

但是英特尔“罪名”也很昭彰——低效。

VMware 公司眼疾嘴快，把英特尔一顿猛批。他们模仿骆宾王讨伐武则天，出了一篇著名的“檄文”，讨伐英特尔，指责支持虚拟化的扩展指令集低效，还没有自己家做的性能好（这里指 VMware 公司的“二进制翻译”，binary translation）。指责别人，趁机夸赞自己，没毛病。经此一事，也能一窥 VMware 公司的江湖地位，批评别人，得自己腰杆子倍儿直。经此一变，虚拟化便有了 CPU 芯片厂商的全火力支持，仿佛被按下二倍速播放键。这是虚拟化的短板第一次被拯救。那时候，英特尔没有白忙活，蘸着唾沫点钞票，心里乐开了花。支持 Xen，跟支持 Linux 的道理一模一样，虚拟化带动了生态，大家都爱用户黏性。

窗外阳光正好，又是吃饭时间，天上白云飘过，人间没有巨变，而云计算领域悄然巨变。

云计算的第一张门票，被亚马逊云抢到了。云计算的号角一吹响，开源技术迅速占领 C 位。Xen 底气十足，其首席科学官兼剑桥大学计算机实验室教授 Ian Pratt 说："微软正处于追赶我们的道路上。"此言不虚，微软公司的产品确也深受 Xen 的启发。一时间，红帽、Sun Microsystems、SUSE Linux，到处都有 Xen 的身影。一时间，似乎任何新事物都会在 Xen 萌发。Xen 被掌声包围，连云计算巨头都伸出橄榄枝。2006 年，亚马逊云（EC2）推出第一个采用 Xen 的实例类型（m1.small）。Xen 登上了第一朵云，自此，成为云计算的生力军。虚拟化技术烈火烹油，微软公司好不服气。其悄悄收购位于美国波士顿的虚拟化厂商 Softricity 公司，赶紧公布了为 Windows Server 引进新的虚拟机管理产品的时间表。

"别催了，在买了。"

后续是微软公司再露土豪本色，为了虚拟化连续多次出手多家创业公司。

这也从侧面反映了虚拟化这个技术，又小众，又难，又关键，连微软公司也哑巴吃黄连，有苦说不出。2007 年，英特尔推出了 VT-x，增强了很多功能，又反超了 VMware 公司的二进制翻译技术。

VMware 公司内心独白：批评英特尔，草率了。在 2009 年，研究公司 Gartner 预测，3 种技术将主导虚拟化：VMware 公司的 ESX Server、Xen 和微软公司的 Viridian hypervisor。

有些技术预测，听一听，别当真。

正面评论大声说，Xen 是当时的业界标准之一，非常成熟。

负面评价小声说，Xen 的架构非常复杂，代码链非常长，对内核的改动也比较大。Xen 是一个非常好的项目，但是确实太复杂。全球真正搞懂 Xen 架构的人不超过 50 人。大部分人，停留在仅仅能用这个层次。再者，Xen 还是传统虚拟化技术。Xen 的传统结构，决定了它身上的担子特别重，要忙于许多事情，保护物理硬件，保护 BIOS，虚拟化 CPU，虚拟化存储，虚拟化网络，还有诸多管理功能。Xen 过于笨重，注定退场，但 Xen 的出现，为虚拟化打开了开源世界的大门。

梦里几十年，长风几万里，才把虚拟化吹进开源世界。

2014 年，同样是开源的 KVM 来了。作为 Linux 的家族成员（以组件的形式出现），这个轻巧的超级管理程序，身姿轻盈，席卷世界。这时候，VMware 公司的日子也不红火了，闭源商业软件，用户需要花钱不说，云厂商改动也不方便。

不要忘记的是，在亚马逊云和阿里云的 DPU 早期架构中，都能看到 Xen 与 KVM 的身影。

4.

问世间，是否此山最高，或者，另有高处比天高。

开源社区背后的惨绿少年，藏身于开源江湖，苦练绝技。十多年前的虚拟化技术，并不成熟。放眼全世界，做虚拟化技术研究的人，真的不多。开源社区里最有权力、最受人尊敬的人，有一个统一的称谓，Maintainer（软件维护者），也是高级别的代码贡献者，掌管开源项目的设计规划，对全局，有深入了解，对未来，也有独到见解。

世界有时候很大，有时候很小。安东尼，是QEMU的Maintainer。张献涛，是KVM跨平台支持及KVM/IA64的作者和Maintainer。QEMU曾是世界上首屈一指的系统仿真器和虚拟器。QEMU支持Xen和KVM，并被广泛部署在大多数云环境中。从Xen到KVM，安东尼和张献涛的技术突飞猛进，天天打破天花板。

要知道，对于那些系统底层，要去解决性能方面的故障或者错误（Bug），都是非常难的，伸出手就能扼住整个项目的喉咙，让人动弹不得。安东尼和张献涛，不断出现“巧合”。张献涛和安东尼在Xen和KVM开源社区都有交集，是享誉社区的极客，令无数开源玩家高山仰止。他们经历诸多采访报道，在做自我介绍时，都曾说到一句话：“我一直做虚拟化方向的工作。”同样的话，一个用中文讲出来，一个用英文表达出来。只要一有虚拟化安全的新闻热点出现，国外技术媒体都以采访到安东尼为荣。张献涛则是国内第一批参与做KVM的。

巧合的背后，往往是必然。2013年，安东尼，加入亚马逊云。2014年，张献涛，加入阿里云。昔日，在虚拟化开源社区，两位最有“势力”的人，如今，在头部云计算厂商，主导DPU技术变革。更巧的是，一个负责Nitro系统，一个负责神龙系统。

亚马逊云和阿里云的DPU，均汲取了开源虚拟化软件Xen和KVM的精华。云计算带来了虚拟化技术的繁荣，实现了技术的跃迁。此时，虚拟化的专家，从硬件厂商的宝贝，变成了云厂商、大型互联网公司的宝贝。35岁就被淘汰之类的话，在这些人面前，纯当放了一个屁。所有人都意识到，虚拟化技术“值钱”了，他们蜂拥而至，可惜，门槛很高。虚拟化是一门非常难的技术，虚拟机是对真实计算环境的抽象，很多人被“抽象”二字难住。操作系统内核已是扫地僧级别的技能了，虚拟化则是独孤求败。

张献涛说："以前，我们认为操作系统内核是最难理解的，也是最复杂的系统软件。业界有不少非常资深的内核（kernel）工程师转去做虚拟化，都理解不了，也做不好。"

为什么呢？

因为虚拟化又抽象了一层，其难度大大增加，要用软件去实现硬件（的功能）。在云厂商没有虚拟化专家的时代，亚马逊云也找英特尔的人去解决问题。十几年前，英特尔工程师火线救援云厂商的故事，都快被人遗忘了。

2010 年，阿里云准备在 5 月 10 日发布产品（ECS1.0）。那时，有 3 家企业的工程师挤在阿里云攻坚，攻了一个多月，有人都要把头急秃了，眼看到日子了，还有一个坎儿，过不去。

大概 1000 台服务器，在运行一晚之后，总会发生一件奇妙的事情：硬盘找不到了。

硬盘也很委屈："我掉线了。"

攻坚小组被死死逼到了墙角，他们拿出了一个负责任的推断：问题要么出在芯片组身上，要么出在芯片身上。攻坚小组在嘶吼，得让英特尔派人来，快点。命悬一线之际，无论英特尔派谁来，都会被人死盯着，恨不得用秒表计时。意外的是，英特尔的专家到现场后，看了一下（所有的配置），想了一会儿之后说："改个参数就可以了"。计时那个人，看了下表，从拿到阿里云的服务器日志到搞定，大约用时 3000 秒。

这一刻的如释重负，让在场的阿里云工程师一辈子也忘不了。这件事，让一个外援在阿里云内部，小火了一把。谁知不久之后，阿里云的章文嵩问了团队一个问题：如果要挖一个虚拟化做得最好的人，应该挖谁？章文嵩是何人呢？ Linux 虚拟服务器创始人，开源“大神”，曾任阿里云 CTO，首席科学家。阿里云的工程师们，双手不离开键盘，头也不用抬，张嘴就有了：张献涛。

无独有偶。

有人告诉我：“在二零零几年的时候，亚马逊云还没把安东尼搞过去，虚拟化的问题也解决不了，也得靠英特尔。因为虚拟化的“大牛”工程师，亚马逊云也缺。”

亚马逊云，有了安东尼。

阿里云，有了张献涛。

寻隐者不遇，那虚拟化的高手到底在哪里？

云深不知处，他们就聚集在 IBM、英特尔、红帽。

消息灵通人士透露，2008 年左右，在英特尔公司上海办公室里，虚拟化团队大概有十几号人。云计算带火虚拟化技术之后，全世界都来挖人。

自此，很多虚拟化的人才就留在了美国，直到现在。

人争一口气，佛争一炷香。为什么云厂商会憋着一口气一顿猛搞芯片？

答案是：谁痛苦，谁难受，谁逼疯，谁知道。

时至今日，阿里人也会气定神宁地说：“就算不是神龙团队，阿里云也会有另一支团队把 DPU 做出来。”

众所周知，现在云厂商的服务器规模有多大。当规模扩大，用户量增长时，对 DPU 的渴求就变得心切。

几十万台服务器，一天天，嗷嗷待哺。

在安东尼心里，应该也反反复复问过很多遍 DPU 的本质问题：

“为了得到更好的产品，我们要设计硬件，要设计一个专门用于虚拟化的硬件平台。不是通用软件，也不是通用硬件。”

回望来路，已无退路，在技术最佳的更迭期，DPU 出现了。用 DPU 定制化硬件加速，成为最正确的方向。

5.

别怪我没提醒，云计算的虚拟化，和前几代虚拟化大为不同。前几代产品与DPU隔着一条深不见底的天堑，跳过去，就是通天大道。那么问题来了，怎么跳？

从 2012 年开始，亚马逊云团队，尤其是 EC2 虚拟化就开始思考：那个叫作 Hypervisor 的“超级管理员”，得胆子再大一点，能力再强一点。那么问题来了，世间能做出比纯软件架构更好的超级管理程序吗？

这是我能找到的，安东尼在外媒采访中谈到的，亚马逊云关于 DPU 思想萌芽最早的时间点。但那个时候还没有 Nitro 的影子。后来，把 Nitro System 曝光于公众面前的，是一次知名的收购案。被收购的公司叫作 Annapurna Labs，也就是安娜普尔纳峰实验室，其公司在以色列和美国都设有研发中心。登山爱好者瞅这个名字很眼熟。巧了，喜马拉雅山最高十峰之一也叫安娜普尔纳峰。其角峰锐利，山体挺拔，线条凌厉，冰雪覆盖，云海猛烈翻滚，在向全世界的登山者勾手指：“你过来呀 ~”

又巧了，公司两位创始人 Billy 和 Nafea 也是登山爱好者，以攀登此峰为荣。虽未抵达，但心已至，他们将角峰设计成 LOGO，印在了封装好的芯片上。

登山是个人英雄主义，DPU 是团队实干集体主义。安娜普尔纳峰实验室对亚马逊云来说，就是上天恩赐的礼物。国内云厂商一开始有这个好买卖，半夜睡觉都笑醒。

收购这件事情，光有钞票不行，好的“收购目标”极其罕见。这家“登山爱好者”公司，除了登山，还有几个绝活。其一，Graviton 芯片，云厂商第一颗 Arm 芯片。其二，一种虚拟机抄近路小能手的技术，ENA（ENA，全称是 Elastic Network Adapter，一种网卡驱动，能用于虚拟机和物理机，是开源项目，发布在 GitHub 网站上）。

这种技术讲究的是四两拨千斤，使得虚拟机绕过软件（内核和用户空间网络处理程序），直接操作硬件（网卡），如此这般，提升了网络效率。昔日寂寂无名的 ENA，成为亚马逊云网络虚拟化的关键技术，日后是大名鼎鼎的 Nitro 的一部分。既然合作如丝般顺滑，那就买过来，谁叫那时候世界首富掌管亚马逊公司呢。

2015 年，收购价 3.5 亿美元。

别看当时花了多少，要看日后省了多少。这是一场几乎完美的收购，每年都为亚马逊节省大把美金。因为 DPU 的特长之一就是很能打，一套降龙十八掌，打败虚拟化损耗不在话下。损耗少了，当然省钱。

安娜普尔纳峰实验室开发的这张卡，不仅卸载了 VPC 网络功能，还卸载了 EBS 存储网络功能。这就是前文提到的“任务卸载”技术。

根据网飞公司技术高管（Brendan Gregg）的说法，Nitro 的性能损耗非常小（不到 1%），Nitro 的虚拟化性能接近裸设备。

在亚马逊的文化里，有单向门（The one-way door）和双向门

（two-way door）决策的说法。这个翻译颇为晦涩。“单向门”的任务，像电影《鱿鱼游戏》，大抵是干活时被人用枪指着脑袋。

只要任务失败，就“嘣”一枪。惊险不惊险，刺激不刺激？

“双向门”就是在这个场景中用得不好，搬到别的地方，说不定还能用上，反正不会白忙活，KPI 保住了，万事好商量。DPU 是专用的，“专用”意味着，拿到别处“没用”。研发团队在描述艰难的开发岁月的时候，像个文科生，一口气用了 4 个形容词。他们说：“这次我们做决定，有条不紊，谨慎，缓慢，深思熟虑。”

懂行的心里明白，这不是普通的任务，其要求已经超出了传统虚拟化技术的能力。因为打破了传统，所以是浴火重生。

研发团队在技术博客里写下：“只有创新才行，但我们没有急着拍脑袋。整个探索的旅程历经 5 年，仔细、反复试验，每一步都很小心，验证我们前进的方向是正确的。”

2013 年，亚马逊云研发团队推出了第一款 Nitro 卸载卡（C3 实例类型），将网络进程卸载到硬件中。在马不停蹄的 2014 年，他们将 EBS 存储卸载到硬件中（C4 实例类型），这次研发团队首次与一家名为安娜普尔纳峰实验室的公司合作。

Nitro 研发团队谈到了研发的时间节点：“2017 年，我们卸载了最后的组件，包括控制面和剩余的 I/O，我们引入了一个新的管理程序，具有 C5 实例类型的完整 Nitro 系统。”

代码长什么样子，如今已经记不清了，但工程师依然记着当时的心情：“这是投入的挥金如土，是身心的殚精竭虑，是承诺的使命必达，是不可思议的时刻。当 Nitro 系统推出时，5 年辛勤，此生难得。”

Nitro 给亚马逊云带来什么？ Nitro 的迭代推动亚马逊云最核心的 EC2 产品家族不断往更大、更快、更安全、更稳定、更多类型、更高性价比方向演进。Nitro 系统让亚马逊云有能力提供 100 Gbps 增强型以太网网络的云，支持更高的吞吐量或受网络限制的工作负载（如 HPC 应用程序）。借助 Nitro 系统，可以将虚拟化功能卸载到专用硬件上，将 EC2 的架构分解为更小的块。这些块以多种不同的方式组装，能够灵活地设计和快速交付 EC2 实例，并提供越来越多的计算、存储、内存和网络选项。

亚马逊云 CTO 沃纳 · 威格尔（Werner Vogels）曾经说过，“在亚马逊云，90% 到 95% 的新项目，都是来自于客户给我们的反馈，剩下的 5% 也是从客户角度出发所做的创新尝试。”

而 Nitro 系统正是这种项目之一，它诞生于 2013 年，成熟于 2017 年，到现在还在不断进化，2021 年已经迭代到第五代。

···> 6.

最重要的一点，亚马逊云科技的团队看到了，阿里云神龙团队也看到了。

安东尼看到了，张献涛也看到了。

把传统的虚拟化技术直接移到云计算，缺陷极其明显，毕竟它不是为了云计算的服务器而生的。把时间花在最值得思考的问题上。2016 年左右，张献涛博士天天都在思考同一个问题：什么样的虚拟化技术，才适合云计算？得从根本上解决传统的虚拟化技术应用到数据中心里面存在的缺陷（也就是性能、资源、隔离方面所有的问题）。他脑中的“神龙系统”慢慢清晰。

那一年里，张献涛博士密集、低调地往返于北京和杭州两地，意在劝说多位大咖级芯片主架构师加入阿里云。有这样一句话，很打动人心，日后实现的时候，更激动人心：

“外界无法理解互联网公司要做 DPU 的决心，这件事情绝对是前人没有做过的，它可以改变云计算里面最核心的技术。”

神龙芯片给阿里云带来什么技术价值？

张献涛认为，第一，解决 CPU 和内存完全隔离的问题。这里的隔离有两个层面意思，一个是安全方面的隔离，一个是性能的隔离。第二，解决 I/O 链路上最容易出安全漏洞的问题。QEMU 这个模拟器是从传统的虚拟化技术中带过来的，在神龙芯片第一代的那个时间点上，它是完全过时了。所谓的过时了，包括两点。其一，代码是开源的，人人皆可见。其二，安全漏洞多，常发生一些虚拟机逃逸的情况。

在公共云的世界里，“虚拟机逃逸”这 5 个字，还没有说出口，就有一群人扑上去，捂住你的嘴。虚拟机逃逸 = 绝对不允许。

DPU 解决了性能方面的问题，同时也解决了安全方面的问题。

神龙芯片一开始就想好了，多张卡解决问题，强调多合一，多种功能在一张卡上实现，复杂度下降，稳定性增强。两架马车，解决的问题一样，实现的思路不同。

一个是佛山无影脚，一个是神龙无影刀。

DPU 的一个关键就是，“从哪里切”与“切到何处”，答案充满玄机和禅意。

这让人想起庖丁解牛，若要回答：骨在哪，肉在哪，骨肉相连又在哪；恐怕要稔知全牛结构，全凭手感，刀法在脑海里，在肌肉里。

这还不够，难题在于，每一家云厂商的软件是不一样的。

怎样处理分布式存储和分布式网络的软件接口？

哪些应该放在控制路径？

哪些放在数据路径？

如果不懂虚拟化，你就不知道怎么切，或者切完后性能也不好。DPU团队表面生气，心里憋闷，谁出的破题？再或者，有的DPU团队，还没有看到牛在哪里。DPU这个东西，光有硬件思路，或光有软件思路，一定会出大问题。

当故事讲到这里，我们跳出虚拟化技术的细节知识，要细聊张献涛在英特尔的另一段经历。上海虹桥作为著名的交通枢纽，其周边房价，一直看涨。2005年，张献涛刚到英特尔实习，工资不高，钱包不鼓，在大虹桥地段找房子住，选来选去，选了仙霞路附近的茅台路，一个叫作天山五村的老式小区。大虹桥的房价，逼得张献涛和师兄合租了一个单间，逼仄的房间里，摆了两张单人床，已经够局促了。没想到，更局促的在后面。

一进英特尔，张献涛的压力值就爆表了。为什么？他发现，6年的计算机专业白读了，妈呀，英特尔“大牛”们说的话，居然听不太懂。原因是他们讲的那些东西，都牵涉到芯片内部的专业知识。

能主宰一个时代的门派，半导体产业链的顶端，还是有很多秘籍的。脑袋混沌了几天之后，张献涛那股子不服输的劲儿，上来了。经高人指点，他冲到藏经阁就找宝典。《英特尔系统编程手册》（*System Development Manual*，以下简称《手册》）是这样一本书：你看第一遍，包你根本看不懂。照理说，计算机的操作系统是按此写出来的。比如，英特尔的64位处理器用的是IA 64，配套的《手册》有好几卷，卷卷厚如板砖，就不信你能读完。

晚上，师兄睡了，张献涛不敢开大灯，从枕头下面摸出一样东西——手电筒。于是，他用手电筒的光，照着看《手册》。

老旧小区的黑瓦和夜色融在一起，楼层里闪烁着零星的光，从窗口的方格里冒出来，张献涛屋里的光，从被子里透出来。

开了头才知道，痛苦是一层套一层的套娃。

他每日不辍地翻读，还要看操作系统的内核代码。这行代码为什么这么写，他要到编程手册里找答案。这还不够，要看 Linux 和 Xen 的代码。看不懂怎么办，英特尔还有一个“师兄帮扶”机制，不懂问师兄。左手一本软件编程手册，右手一本硬件编程手册，外加 Linux 内核代码，一行一行去理解。

再看不懂怎么办，去找美国的工程师请教。张献涛吃一口编程手册，蘸几行 Linux 内核代码，成为每日的例行动作。日复一日，张献涛对 CPU、对操作系统的理解，加深，加深，再加深。

在英特尔公司，张献涛知道了一个“冷知识”。任何一颗芯片，在从英特尔公司“走”出来之前，内部员工可能提前三到五年就已经拿到了“未出厂的芯片”。工程师们要把 CPU 所有的新功能通过软件“用”起来。

说白了，到手的芯片还没有正式量产。芯片里面会有各种各样的毛病。你要去理解“问题”来自于软件还是硬件。

不了解这一点，你永远不会怀疑 CPU 会出问题。DPU 的技术领袖，需要对芯片、对芯片组、对 PCIe 总线、对操作系统、对虚拟化的了解，到达一种境界：关灯取物，如同开灯取物一样自如。看似行云流水的判断，是在日复一日、年复一年、无声无息中形成的，就像火山爆发后，热风里从早到晚飘落的火山灰，把一切技术难点都掩埋。

从火山灰中醒来，会看到一个重塑的新世界。

DPU 的部署，无异于完成了给高速飞驰的列车换防风材料，给深海作业的潜艇换防水材料。2017 年到 2021 年，亚马逊云和阿里云均已跑步进入了 DPU 产品迭代良性循环的新世界。

2021年的夏天，张献涛博士对我说："以前，没有人相信互联网公司需要芯片技术。现在，大家都相信了。"

7.

裁判一声长哨，男主持人富有磁性的声音播报：观众朋友们，这里是数据中心赛场，IaaS层终场，云计算基础设施最后一场比赛。

当优秀的DPU问世的时候，国内云厂商在IaaS层，这轮的战斗，宣告结束了。自研出DPU的云厂商说："我摊牌了，我赢了。"哪怕5年前，放眼找工作的网站，就算云厂商"放出"招芯片专家的岗位，谁敢去？去干啥？再资深的HR一看岗位说明，都懵了，就没接触过搞芯片的人。

软件开发周期何其快，硬件开发周期何其慢。旁人都说，这恋情看上去就不长久。

老牌芯片公司一扭头，眼角余光里都是质疑。云厂商只擅长软件，如何面对芯片？

云厂商面对的场景极其复杂，用芯片怎么搞定？谁出的题，这么难？问题是复杂中的复杂，需求是刚需中的刚需。

这句话，有两个关键词："云上服务器"和"专用芯片"。先讲云上服务器。云上服务器有些像公共澡堂，可以一个人用，也可以多人共用，麻烦都是"一起用"带来的。公共澡堂"一起用"，最好有隔板。我看你，你看我，这样不安全。

可口可乐和百事可乐要在一朵云上，还能互相看文件，立马就翻脸了。

那怎么办？答案是：得插 DPU，而且是每台服务器都得插。十万台服务器，插十万张 DPU。杀毒软件是用软件保护服务器的安全，DPU 的作用之一是用硬件保护服务器的安全。

说到安全，硬件比软件更能“打”，这个就不赘述了。

再讲专用芯片。

提到专用芯片，挖矿炒币赚到钱的人兴奋了，抢着说：“我最内行。”因为不同的加密货币，要用不同的矿机。矿机越对口，挖币越赚钱。经验告诉我们：专门的事情，让专门的芯片去做。虽然现在还有争议，但是未来，会看得清楚：DPU 是云计算的标配。摩尔和登纳德两位老先生，无情指出“现实之无奈”：CPU 成了最昂贵的“打工人”。

所以，DPU 作为专用硬件，除了安全，还要来给 CPU 减负。

在几条街之外，都能听见 DPU 的唠叨：“哎呦，CPU 我的祖宗，快放下，您哪敢动这个，可不能把资源浪费在网络和存储的负载上。”CPU 则说：“救救孩子吧。我太难了。”（CPU 大声呼救的原因是：CPU 既要处理大量的上层应用，又要维持底层软件的基础设施，还要处理各种特殊的 I/O 类协议，不堪重负。）

把“负担”从 CPU 上卸载下来，DPU 将有望成为承接这些“负担”的代表性芯片。

CPU 也很高兴 DPU 的出现，你行，你上呀。的确，有人夸 DPU 是继 CPU 和 GPU 之后的“第三颗”主力芯片。不要因为鲜花和掌声太多，就对 DPU 的能力有什么误解。

CPU 稳坐“主咖”宝座，CPU 可以当 DPU 用，CPU 也可以当 GPU 用，但是反过来不成立。DPU 做的事情 CPU 能做，但是，CPU 比 DPU 昂贵多了。牛刀太贵，杀鸡的人自然不舍得。

云厂商想实现“一起洗澡（一起用）”，得靠虚拟化技术。虚拟化虽好，但是会引发一堆“糟心事儿”，比如性能损耗，甚至有人把这种损耗比喻成“交税”，搞不定当然得多交税。这种损耗也相当于，还没有开始洗澡，一半的水在水管里就被浪费了，后面连肥皂沫都没有来得及冲掉。

技术问题越难，极客们越兴奋，不自觉扬起了手里的小皮鞭。

虚拟化是 DPU 的精髓，虚拟化的历史几乎和计算机一样悠久，是计算机科学史上最伟大的思想之一，造就了伟大的云计算技术和市场。虚拟化给上层应用提供一种假象，降低上层应用使用下层资源的复杂度。

我们天天在用的操作系统，也是一种虚拟化的“思想”，是对硬件资源的虚拟化。PC 的虚拟化，把计算的核心“变成”进程，把存储介质“变成”文件系统。在云计算的硝烟战火中，虚拟化这个喷涂了迷彩伪装的弹药库，终于藏不住了。

8.

说它低调，谁料想，DPU 直接冲破了“次元壁”，在弹幕里打出“火钳刘明”。在有人造出来 DPU 的时候，DPU 还没火，它们就是阿里云的“神龙芯片”和亚马逊云的“Nitro System”。

两者，都优秀。

不仅造出来了，还规模化用起来了。

不仅规模化了，在云的场景中收益还巨大。

阿里云在国内云厂商的技术团队里是最拔尖的。亚马逊云在技术上从来没让人失望过（公关广告投入就另说了）。他们造 DPU 的团队，犹如雄师过江，天翻地覆慨而慷。自此，云厂商分成两列纵队：有 DPU 的，没有 DPU 的。

亚马逊云和阿里云都是革命者，且心有灵犀，选了相同的技术方向。

云灿霞铺，同是天涯得意人。

亚马逊云的 SA 是指解决方案架构师（Solutions Architect），他们很能"打"，一言不合就"秀"（show）代码，简直人人都能匹敌创业公司 CTO。一位 SA 私下里告诉我："简单来讲，DPU 就相当于是把虚拟化不同的工作负载，下放到不同的卡上。"

要留意"下放"这动词，得体会一阵子，才能想通。这个词，用得妙啊，它背后的专业术语是"任务卸载"。

"Nitro 是一张卡，把负载（Hypervisor 虚拟层、存储、网络）都绑上去。也就是把影响虚拟化安全、性能、稳定性的那些东西都装进板卡里去。

"它不是一张卡，是一套卡。每张卡片有不同的目标。

"Nitro System 之所以被称为一个系统，它包含三个独立的部分：Nitro 卡、Nitro 安全芯片和 Nitro 管理程序。以前嘴馋，必须自己会烧两个小菜，但是，现成的 API 准备好了，相当于不仅会烧菜，还会自创新菜。学烧菜，没那么难。因为 Nitro 系统是一个'基础组件盒子'，有许多不同的组装方式，从而使 AWS 能够灵活设计和快速交付（EC2 实例类型），计算、存储、内存和网络都可以成为组合的选项。"选择困难症患者看到后，赶紧喝了一口咖啡，压压惊。亚马逊云员工也谈到，这种做法能够将云计算微服务架构扩展到硬件，方便"创新 API"。

2017 年的时候，爱看热闹的人，围观神龙 MOC 卡，但，他们万万没有想到，自己围观的就是 DPU。

一位阿里云异构计算团队的员工私下里告诉我："MOC 可以被理解为一台小服务器。物如其名——卡上微系统（Micro-servicer On Chip）。但是，在 2021 年，我们对外口径统一用神龙芯片，不叫 MOC 卡。"

阿里云员工还说："对于神龙芯片的细节，公司希望对外少谈。有不少人在打听。"

2021 年 10 月 20 日，神龙推出第四代，江湖人称神龙 4.0。比起第三代神龙，关键性能指标提升了多少呢？说两个关键的，网络关键性能指标提升一倍以上，存储关键性能指标提升两倍。神龙 4.0 首次搭载全球大规模弹性 RDMA 高性能网络，网络延迟整体大幅降低。RDMA 作为网络通信技术，不是一个新技术，但是，阿里云弹性 RDMA，让 RDMA 这项技术，从高性能计算（HPC）这个小众领域，走向公有云。

曾经 RDMA 大规模组网的能力，是整个业界都解决不了的问题。弹性 RDMA 将对云原生微服务、无服务计算应用的性能提升大有帮助，甚至是 Java 中用 Netty 网络编程框架的应用程序，都会从中受益。

2021 年的秋天，张献涛说："神龙芯片是目前业界最出色的 DPU，没有之一。"

一大怪，亚马逊云和阿里云的 DPU，不外卖。DPU 作为专用芯片，不要你懂，只要自己懂自己。另一大怪，不少云厂商，一提自研 DPU，就说拜拜。

何况青云和 UCloud 上市了，也都在亏损。更何况，造 DPU，怎么着也得拍出 3 亿元人民币来。

9.

村口的土墙上，刷上了白底红漆的广告语：

DPU，早拥有，早致富。

DPU，保安全。

DPU，隔离好。

DPU，省大钱。

一定得用，又没钱自研，可以用英伟达的 DPU 呀！ 2020 年，英伟达花了 69 亿美元收购 Mellanox，剑指 DPU。

可惜不是“量体裁衣”，用起来不称手，很痛苦。有专家毫不留情地批评，对英伟达现有的 feature（功能），都不满意。

树上叶子，绿了又黄，云厂商给博通公司提交的工单，在排队。北风吹来，枝头秃秃，工单仍在排队。阿里云和亚马逊云的 DPU 都是 2017 年发布的。时隔多年，有没有哪家云厂商跟上了？

众人摇头，鸦雀无声。

亚马逊云和阿里云则可能会说：“原谅我，没忍住，笑出了声”。

非公开产品市场急需“消息灵通人士”。

巧了，有一家著名的国内云厂商，跑到客户那里宣传，DPU 不就是智能网卡嘛，我厂在 2012 年就有了，比神龙和 Nitro 快多了。懂行的客户发出“灵魂一问”，瞬间让其“社死”现场。

“你家 DPU 果真如此，那你为什么不用？”

吹牛，出现人传人的现象了吗？

又巧了，余下的 DPU 产品，要么停留在“并不怎么好用”的水平上。

要么只摸索着做了个原型出来，停留在验证概念（Proof of concept）的水平上。

中国男足，笑了笑说："抱歉，打不开局面。"

球迷火了："花了这么多钱，你想说重在参与？"

太巧了，有人告诉"亲爱的数据"，多家公司暗地里派出员工，天天找阿里云的人套话，这个为什么这样做，那个接口为什么这么设计。

芯片的水很深，云厂商总会从供应链拿到一些"内部消息"，还有一家云厂商抄了好几年，"像素级别"地抄，也没有抄出个像样的。更糟糕的是，他们规模越做越大，快撑不下去了。那些有 DPU 的云厂商，热升级，迭代速度飞快。那些没有 DPU 的云厂商可惨了，听说其中一家得一个月重启一次服务器。

DPU 是朋友圈"凡尔赛"的神器。云厂商发朋友圈，祝友商早日建成世界一流 DPU。之后意识到友商已经建成世界一流 DPU，默默删掉上一条朋友圈。Fungible 公司在朋友圈写下："2019 年，我们定义了 DPU。"楼下评论："公司挺值钱，软银愿景基金大手笔投了。"

可惜，其产品做得一般，对云计算的理解不到位，无法让大家向其评论竖大拇指。

英特尔坐不住了，发布了 IPU 基础设施处理器，来表达对"DPU"这件事情不同的看法。希望朋友圈获得"高赞"。

云厂商"楼下"依次排队点赞，但内心唏嘘不已，DPU 的世界，英特尔也不能一声令下"一统江湖"了。

10.

投资 DPU，至少有两个“不投”。

一不投那些不熟悉云业务的需求的团队。

二不投那些对软硬件融合部分理解得比较粗浅的团队。

可惜，投资 DPU 这潭水，没有水最混，只有水更混。

DPU 身上有两桩著名的冤案。在没有 DPU 之前，SmartNIC（一种智能网卡）先一步问世，给网络减负。第一印象最深刻。所以，有些人至今误认为，DPU 就是 SmartNIC。SmartNIC 是对网络进行加速，但解决的问题比 DPU 小多了。这时候，ETC 自动抬杠机上线了：“你就回答我，DPU 最基本的功能是不是一张网卡？”

哪怕是人民群众，都对新闻里的“5G”“千兆光纤”“工业互联网”耳熟能详。用户对网络的要求越来越高了，云计算的网络带宽从主流的 10Gbps，闭着眼睛，就朝着 100 Gbps 一路狂奔。可惜的是，DPU 虽然能给网络帮上忙，但不是智能网卡。当一个产品已有翻天覆地的变化时，我们不妨叫它的新名字。遗憾的是，沿着智能网卡的道路一意孤行，永远也到达不了 DPU 的绿洲。

不过，在“2021 年智能网卡峰会”上大谈特谈 DPU，也是特定时期的特色。

所有误解，皆是云烟。

“智能网卡是不是 DPU 的必经之路？先一步造智能网卡，做扎实了再做 DPU 这种思路，您怎么样理解？”

《软硬件融合：超大规模云计算架构创新之路》一书的作者，原 UCloud（优刻得）云厂商芯片及硬件研发负责人黄朝波这样认为：

“站在功能的层次，肯定是从简入繁的过程，这个说法是对的。”

转折之后，往往是重点。

“站在实现的角度，这个说法值得商榷。智能网卡的发展路子，往往跟着英伟达（NVIDIA）的做法——先 NIC，再 SmartNIC，再 SOC。网络功能的实现，是定制 ASIC（专用集成芯片）。然而，亚马逊云和阿里云‘没走寻常路’。从一开始，就只用 CPU 来实现，再逐步进行各种加速。总之，这条 DPU 的演进之路是从 CPU 到 DPU。”

正如前文所述，亚马逊云和阿里云是相同的技术方向，走法却不同。

你品，你细品：英伟达的技术路线是从定制加速到通用。这和亚马逊云和阿里云那种从通用到加入定制，完全是两个相反的技术演进方向。

另一个冤案，是按字面意思理解 DPU。

果然事物不能仅看表面。

DPU 的全名，叫 Data Processing Unit，是数据处理器。自赛博“开天辟地”以来，就有数据。CPU 不能处理数据吗？ GPU 不能处理数据吗？既然不是，那凭啥就你叫数据处理。CPU 和 GPU 攥紧了拳头，强忍着想扇 DPU 耳光子的冲动嚷嚷：“今天，谁来都不好使。”

更别说，《中华人民共和国数据安全法》砸得门板咚咚直响：“临时检查，听说，你们这里有数据，还是底层数据？”

这样下去，保安就要拉起黄色警戒带，场面恐怕要失控。

冤案掩盖了难点。

DPU 是软件定义硬件，是用硬件适配软件做加速。想懂 DPU，要懂很多东西：芯片、系统软件、计算机体系结构、云计算服务、虚拟化。

两个云厂商的成功故事，也淡化了难点。

投资人常听人说：“阿里云和亚马逊云的 DPU 都造出来了，留给创业者的时间不多了。”

2021 年，一堆国产 DPU 公司接二连三拿到了融资。双手一伸，数一下：云豹智能、益思芯、合肥边缘智芯、星云智联、青云半导体、大禹智芯、中科驭数、芯启源、深存智能等。DPU 创业企业大多在北京、上海、珠海等地。从公开的工商资料上可查到，互联网大厂也已唰唰出手：

腾讯投资云豹智能。

美团投资星云智联。

字节投资云脉芯联。

DPU 的利好点很多，中国的云计算市场是一个多云的市场。比如以电信云为代表的行业云出现后，金融云、物流云等更多的行业云逐步涌现。甚至会有“地方云”“某政府部门云”。头部的云厂商不是 DPU 唯一的客户。

再者，中国计算机学会专家曾估计，用于数据中心的 DPU 的数量将达到和数据中心服务器等量的级别，并且每年以千万级的数量在新增，算上存量的替代需求，5 年总体的需求量将突破两亿个。这一下就超过独立 GPU 卡的需求量。甚至可以说，一台服务器可能没有 GPU，但不能没有 DPU。好比酒店每个房间都要有 Wi-Fi，否则前台客服电话就会被“打爆”。

目之所及，一片形势大好。实际上，人们对于小众且专精的关键技术，难以一窥其全貌。

DPU 存在的本质，是解决传统虚拟化被应用到云计算中存在的诸多问题的。因为早期的虚拟化更多被用在桌面系统中，把传统的用在桌面上的虚拟化直接搬来用，用起来不顺手。DPU 设计的本质和虚拟化紧密相关，是为了解决虚拟化带来的“糟心事儿”（性能、资源、隔离方面等）。

简单地说，虚拟化主要分成 4 种：CPU 虚拟化、内存虚拟化、网络虚拟化和存储虚拟化。唯有 DPU 才是从根本上解决传统虚拟化被应用到数据中心中存在的缺陷的最后一站。

英特尔 VT-x，只解决 CPU 虚拟化和内存的问题。网络虚拟化和存储虚拟化的问题是个历史遗留问题，一直没有得到有效的解决，尤其在云计算场景里：功能上能实现，但是性能、可扩展性、隔离性老是处理不好。

部分问题解决了，其他的怎么办？

DPU 来解决“其他的”，也就是说，DPU 是解决虚拟化短板的最后一站。DPU 是瞄准了云计算里硬件虚拟化的真实痛点来做的。既然 DPU 这么强，那么 DPU 到底都牵扯哪些技术？

这么说吧，因为涉及的技术领域非常之广，阿里人为了神龙芯片，几乎动员了阿里云全线的一流专家。

可能在一些造 CPU 的人的眼里，造 DPU 比较简单。CPU 这么复杂我都能造，玩转 DPU 就是“降维打击”。可是，DPU 真的好造吗？

如果不懂虚拟化，不懂系统软件，不懂云计算的场景，光懂芯片就想做 DPU，那么可以送其五个大字：无知者，无畏。DPU 是多流派技术的集大成者，有软件，有硬件，有计算，有网络，有存储，有虚拟化，有安全，有加速器，有驱动，有框架，有应用，精粹交织。也许有一天，DPU 会号令 CPU。

最后，让我们为那些真正的技术革命者，起身致敬，鼓掌欢呼。

毕竟一次局部技术革命，可比一场球赛更带劲儿。

“带球队员距球场小禁区还有几步之遥，队友在不远处大喊，传中！传中！守门员面色一动，似乎在犹豫。抓住机会，小角度大力抽射，破门！”

“还愣着干啥，进球了，鼓掌啊。”

第10章

超级计算机与人工智能：大国超算，无人领航

美国先有“星球大战”计划，中国后有“863”计划。

1986年年底，年过40的李国杰从美国回到中国，成为中国科学院计算技术研究所（以下简称中科院计算所）的一名研究员。他就是后来的“曙光一号之父”。

1990年3月，在北京友谊宾馆，国家智能计算机研究开发中心宣布成立。那一年，李国杰组织了一支很特别的队伍，其中的大部分人没有造过计算机。

李国杰认为，不理解操作系统源程序，是不可能造出计算机的。于是，他们花了两年时间，分析了几百万行代码，一行一行地研究。信仰不能松动，斗志不能松懈，办场誓师大会鼓鼓劲儿，“人生能有几回搏”几个大字被写在黑板上。誓词在发黄的纸页上褪色，但有句话一直压在他们的肩膀上：“相信你们一定能做出来！”

有人红了眼圈，有人眼中带泪。

“夜夜龙泉壁上鸣”，无数个趴在键盘上睡着，手里还紧握着鼠标的凌晨4点，誓言像闹钟一样唤醒大脑。个体的幸福是有限的，人们常常和国家、和时代一起同甘共苦。

1996年，以“863”计划的重大成果“曙光一号”为知识产权，曙光信息产业股份有限公司成立。

“曙光”带给人希望，“龙芯”很有中国味。

作为国产芯片，“龙芯”出发时，来自中科院计算所的胡伟武，前来请战。他就是后来的龙芯CPU首席科学家。他说：“我做不出‘龙芯一号’，提头来见。”

你知道什么能让人觉得输也没什么的吗？

那就是“赢”。

1

1999年前后的行情是，价格在10万元人民币以上的计算机，才能被称为高端计算机，或者高性能计算机。而很多情况下，高性能计算机又被称为“超级计算机”。超级计算机的评价标准水涨船高。

穿过时光隧道，把你手上的iPhone X放到1960年，以它的计算能力，也可以叫超级计算机。超级计算机，是计算系统金字塔的顶端。

超级计算机的应用，是用最复杂的计算机，突破最难的问题。

如果还不清楚，再加一句：超级计算机同核武器一样，有与无，天壤之别。从头开始已无可能，集成创新用脚步丈量距离。

总有人，对集成创新嗤之以鼻，认为唯有原始创新才是“英雄儿女”。然而，创新不能搞“一刀切”，把已有的科技成果有机地结合起来也有难度。

还有一点就是，在当时的情况下，能选择的路并不多。有的人做技术，做了几十年还是在做壳子。有的人做技术，做着做着，皮肉筋骨都变成了自己的。2010 年，“曙光 6000”正在研制中，采用“龙芯 3A”实现了一部分功能，不过并不是主要部分。

2011 年，“神威蓝光”问世，这是以国产多核 CPU 芯片为基础研制的第一台超级计算机。它代表着——只能用国外芯片制造超级计算机的历史结束了。

超级计算机的赛场，永远不会止步于榜单，也不会止步于实验室“无菌环境”。

在 20 世纪 90 年代的深圳，李国杰院士留意到，有一家叫华为的公司，七八百号人搞研发，每年投入的研发费用超过 1 亿元人民币，其产品有竞争力在意料之中。

时光催迫，又十年。2003 年 12 月的一个早晨，热带地区温暖的阳光正在给清凉的沙粒加热，两位身着色彩明亮的椰树风衬衫的中国人和一位身着运动服的外国人，漫步在海南岛的沙滩上，聊得很是投机。

一位是时任摩托罗拉首席运营官的迈克·扎菲罗夫斯基，另一位是时年 59 岁的华为创始人任正非。沙滩漫步的结果是，摩托罗拉同意以 75 亿美元收购华为。然而，剧情急转弯，收购计划“流产”了。

此后，摩托罗拉与华为这两位时代巨子驾着不同命运的马车绝尘而去，一路狂奔的还有华为钢铁一般的自研技术决心。

李国杰院士回忆，2003 年的时候，华为支持大学和科研院所做预研的资金曾经连续两年减少。究其原因，大学和科研院所与华为做的是同一层次的东西，但不如华为自己做的好。这事曾让李国杰院士扪心自问：像（中科院）计算所这样的国立科研机构究竟该做什么研究？

日月轮转，又五年。2008 年 3 月，华为与赛门铁克（Symantec）

的合资公司成立。为此，华为派出约 4000 ~ 5000 名精兵强将，而赛门铁克仅派出三位外籍高管。

我探访到一位接触过其中女高管的人士，他提到了一些往事细节。女高管常驻香港，定期飞成都。这也印证了华为员工曾提到的，华为负责存储业务的高管大多在成都。

“合作很顺利，赛方不需要高管蹲守成都。”赛门铁克这家公司，在信息安全领域全球领先。这次合作，可谓各取所需。一家外国企业“借道”华为发达的销售网络，进军中国市场。这次“共同研发”也为华为存储技术打下了坚实的基础。任正非曾说：“华为跟着人跑的机会主义高速度会逐步慢下来。”

这也暗合中国高端计算机发展之路。

2

台北 101 大厦直插云际，俯瞰生机勃勃的城市。2014 年的最后十几天，浪潮集团（台北）研发中心在 101 大厦揭牌。

中国台湾是世界范围的芯片高地，芯片制程工艺长期领先，坐拥大批核心高端人才，IT 设备代工王者云集，排名前 10 的代工厂有广达、纬创、仁宝……岁月易逝，这些代工厂的合计份额一度超过 90%，订单来自 IBM、戴尔、惠普……那时候，浪潮想得很清楚，借力我们的台湾，重金猎聘。于是，一批技术功底扎实的台湾科技人才投入浪潮集团的怀抱。下好这一步棋，浪潮服务器设备水平实现了三级跳式的跨越。

在这件事上，浪潮集团董事长兼 CEO，山东企业家孙丕恕，显露出高瞻远瞩的决策力。“宰相必起于州部，猛将必发于卒伍。”

历史的脚步，在时间的长廊里留下了回响。如果说超级计算机是发动机，千行百业就是汽车，发动机得装进汽车里才知道它的性能。

以前，超级计算机主要用于科学研究，如核爆模拟、气象气候预测、生物信息计算等。而每一种科学问题，都有其固有的特性（并行性），这也意味着重复“堆机器”永远无法具有“超级计算”的霸气。

再加之，不同应用对超级计算（以下简称超算）的需求迥异，不做艰苦研究与科技创新，肯定没戏。苦苦研究就够了吗？答案是超算不能光靠研发“推”，还得让需求“拉”。曾有人把拉力不足归因为我国生产力落后。仿真工业产品性能，也要工业部门能用得上。1999 年，国内有一家飞机公司的总工程师，一度完全不相信波音 777 没有一张纸质图纸。仿真驱动研发，使用数值模拟技术疯狂地缩短研制周期，简化、减少甚至取消实物试验。

超级计算机是否只能用在大型工业产品研发中呢？

一个美国学术会议上，乐事薯片公司出现在演讲台上。这并不是中场茶歇广告赞助商的致辞，而是在介绍如何使用超级计算机模拟薯片生产中的空气动力学。

盐放在哪里都咸，醋放在哪里都酸。如何把薯片上的调料撒均匀？好吃的秘密来自数值模拟的结果，超级计算机藏在“刷剧”、吃薯片的“肥宅”时光里。年历翻到 2016 年，中国超算人擦干汗水、抹掉泪水，终于迎来高光时刻。中国队 2016 年和 2017 年连续两次夺得“戈登贝尔奖”，这是国际上的最高学术奖，江湖人称“超算界的诺贝尔奖”。

此前的近 30 年，此奖就是美国和日本间互抛的绣球。如今，不仅“天河”“曙光”“神威”等超级计算机使国家级超级计算基础设施进入世界领先行列，而且从 2019 年中国 HPC TOP100 厂商份额趋势图中可以看到，中国厂商超过了高性能计算领域的“传统劲敌”IBM 和惠普。

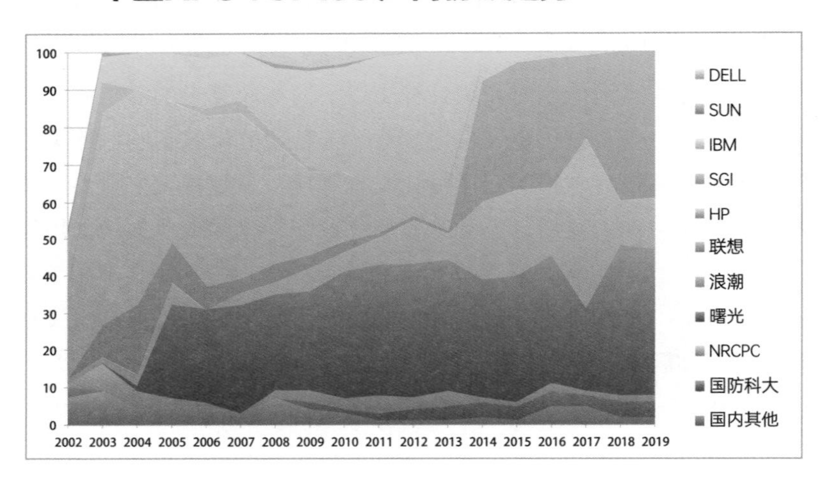

3

本部分内容写于 2020 年

2020 年，弯眉冷月，仲秋月圆。绿皮火车停靠在首都经济圈城市河北衡水，神州高铁抵达中原城市群落的中心河南郑州。

在 2020 年，中国超级计算领域两场重量级的会议上，发出的声音朴素、结实、鲜明。学术界与工业界一呼一吸。

在北京航空航天大学钱德沛教授首发演讲的 7 天后，一位华为高管便在演讲时引用了他的观点，并标明信息来源为“衡水讲话”。

钱教授的这场演讲，题为《新形势下高性能计算发展面临的挑战和任务》。

全球高性能计算机（HPC）TOP500 榜单历时已久（从 1993 年开始，每年的 6 月和 11 月发榜）。作为风向标，该榜单反映了超级计算机发展的新动向。榜单的变化折射出全球高性能计算在技术和应用方面的研究现状和发展趋势。回首高性能计算的发展曲线，2013 年成为这个榜单显著的分水岭。在此之前，榜单上排名第一的超级计算机的性能和上榜计算机的总体性能，一直呈现出这样一种趋势：超级计算机的性能每 10 ～ 11 年，提高 1000 倍。但从 2013 年开始，性能曲线变得平缓，甚至在 2019 年 11 月，TOP500 榜单的前 11 名和前一次榜单相比没有发生变化。

如果没有革命性的技术突破，超级计算机的性能不可能再保持 10 年左右 1000 倍的发展速度，而有可能降到 10 年左右 100 倍，或者更低。

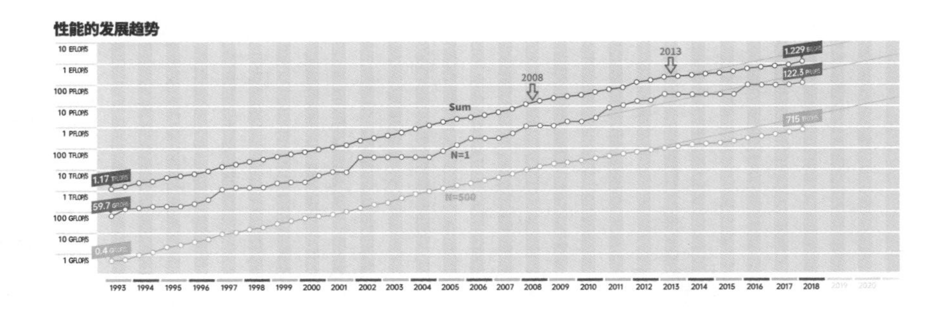

发展之所以变缓，从技术角度观察，是遇到了一些瓶颈。

第一，能效指标的约束。不能单纯依靠系统并行规模的扩大来提高性能。

第二，登纳德缩放比例（Dennard Scaling）定律的失效。每一代半导体工艺的进步不再能保证芯片功率密度恒定，其结果是芯片功耗急剧上升。

第三，摩尔定律接近失效。芯片性能不再能每两年翻一番。

第四，体系结构变化缓慢，没有新的体系结构提出。在颠覆性技术方面，没有新的技术出现，包括经常谈到的量子计算、超导计算，距离实用还有相当一段距离。

第五，新原理器件缺乏突破。比如，存算一体器件和全光交换器件等缺乏突破。

2013 年，导演李安凭借《少年派的奇幻漂流》获得奥斯卡大奖，但是超算性能的发展却被按下了减速键。

不过国际上超算的竞争，却更趋激烈。

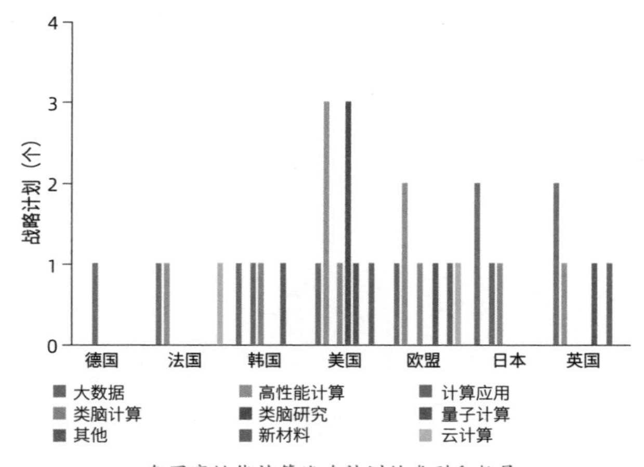

各国高性能计算战略计划的类型和数量

2015 年，美国提出《国家战略性计算计划（NSCI）》，美国政府多个部门协调，加快超算的发展。

美国能源部在 NSCI 框架下正在实施“E 级计算计划（ECP）”，

投入接近 36 亿美元。

36 亿美元中的近 18 亿美元用于开发软件应用，余下的近 18 亿美元用于研制三台 E 级计算机。

美国国家战略计算计划组织结构设计

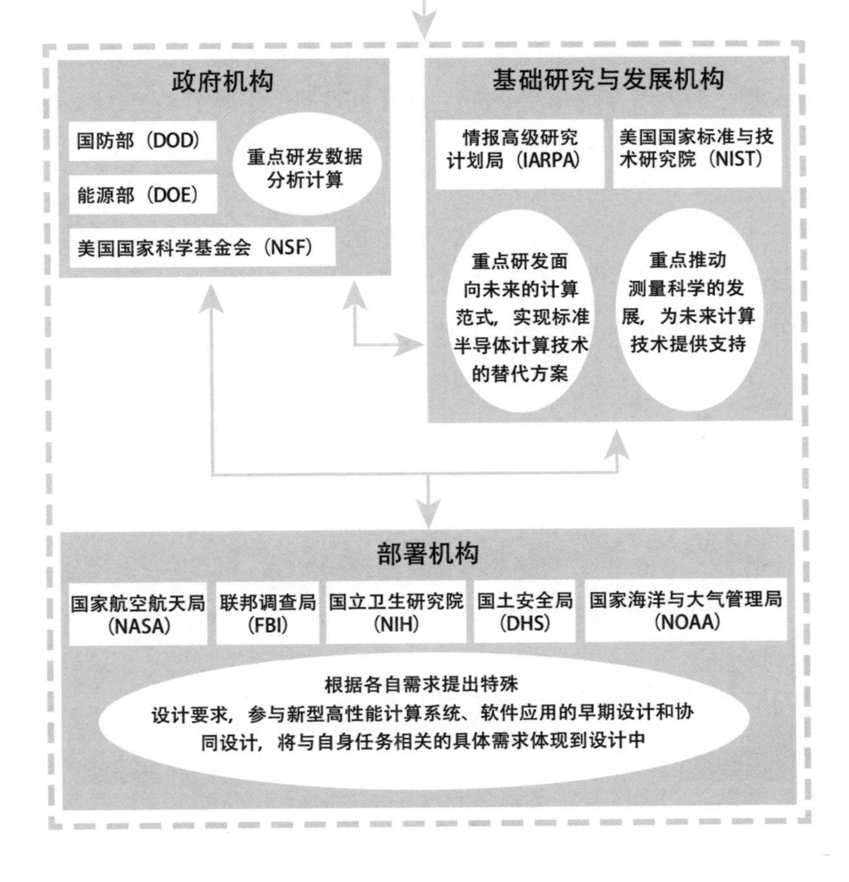

美国，原计划第一台E级机Aurora在2021年上半年完成，持续性能达到1EFlops（每秒百亿亿次计算），后续的Frontier和El Capitan在2021—2023年完成。从目前看，美国第一台E级机有可能提前到2020年底前问世。

日本，对E级计算雄心勃勃，2020年6月，日本的超级计算机“富岳”成为世界上运算速度最快的计算机。这是时隔9年之后，日本超级计算机重登TOP500榜首。

日本“富岳”的运算速度超过美国的Summit，峰值速度达到513.85PFlops/s，Linpack效率达到80.8%。为了研制“富岳”系统，日本富士通公司专门开发了新型ARM处理器，扩展了512位的向量部件，支持8位整数运算和多种字长的浮点运算，可适应人工智能应用需求。内存采用HBM2，访存带宽与计算能力之比高达0.4，这是日本超级计算机系统的特点。系统能效有了很大的改进，但功耗还是达到了28.33MW，仍存在改进空间。

欧盟，计划在2023年左右建立E级计算基础设施，装备三台左右E级计算机。E级计算基础设施将在目前的欧洲先进计算合作伙伴计划（PRACE）的基础上发展，旨在为欧洲地区科研机构提供具有世界级水平的高性能计算服务。欧洲，现在提出要研发自己的处理器，由Atos公司牵头自研。

另外，欧洲非常重视开源处理器架构RISC-V，在欧盟的支持下，依托巴塞罗那超级计算中心建立欧洲开放计算机体系结构实验室（LOCA）。虽然，欧洲在超级计算机的硬件制造方面比美国和日本滞后，但是，欧洲高性能计算基础研究和应用基础好，在新的计算模型、语言、算法，以及大规模数值模拟等方面很有特色。

中国，“十三五”重点研发专项把研制依托于自主可控技术的

E 级计算机研发领域并行应用软件和研发国家高性能计算环境作为其目标，突破 E 级计算关键技术，使高性能计算在关键领域得到应用，并进一步推动国家高性能计算环境的服务化建设。

那么，在这一新形势下有哪些挑战？

2015 年 4 月，美国对中国国防科技大学及其相关国家超算中心实施禁运。

时至今日，美国已经将中国主要的超级计算机研制单位全部列入“实体名单”，实施禁运和封锁。

在严峻的国际环境下，E 级和后 E 级计算面临重大技术挑战，这些挑战主要包括：降低系统功耗、提高应用性能、改善可编程性、提高系统可靠性等。面对这些挑战，需要体系结构的创新、关键技术的突破和软硬件的协同。

在超算方面，我国要解决一系列“卡脖子”问题。在高性能计算硬件方面，比如高性能处理器和加速器、内存芯片（特别是 3D 内存芯片）、新型存储系统 / 器件（如非易失存储器件 NVM）、高速互连网、光传输和光交换器件、IC 设计 EDA 软件、先进的芯片制造工艺等，需要实现技术突破。在高性能计算应用软件方面，目前大部分工程计算软件依赖进口，更大的问题在于，基于国产处理器的超级计算机上的系统软件和应用软件该怎么开发。

那么，在超级计算 E 级时代，要重视哪些问题呢？发展 E 级计算需要解决诸多技术难题。

其中最重要的是重视体系结构。20 世纪 80 年代是体系结构研究的黄金年代，出现了 RISC、超标量处理器、多层次缓存、预期执行、编译优化等一大批体系结构创新，使计算机性能每年提升 60%。我们希望体系结构研究再次迎来“百花齐放，百家争鸣”的局面，使超级计算机从以规模取胜的“恐龙”式系统向灵巧、节能、应用高效的“哺乳动物”式系统发展。计算机体系结构有几个基本问题。例如：

- 冯·诺依曼结构如何适应大规模的并行执行？
- 问题的求解模型如何和计算机的体系结构相匹配？
- 计算能力如何和访存能力相匹配？

这些都是需要考虑的体系结构基本问题。到目前为止，没有一种体系结构能够覆盖所有应用的需求，通用与专用始终是长期争论的问题。未来的超级计算机可能会出现多样化、灵巧化、专用化的局面，通专结合是重要手段。

“风物长宜放眼量”，高性能计算方向重点研发专项的使命和愿景，是研制新一代高性能计算机及其应用系统，使算力得到大幅提升，以满足国家创新发展的战略需求。

高性能计算机两个重点的考量是：研发“新一代高性能计算系统及其应用”和“带动自主可控基础软硬件技术与产业的跨越式发展”。

回首20年发展，始终强调机器、应用和环境的协同发展。未来，仍将坚持这一路线，并聚焦三大任务：

任务一，新一代高性能计算机系统的研发。

任务二，高性能计算机应用关键技术和领域应用软件的研发。

任务三，依托国家超算基础设施的领域应用平台研发。考虑如何使算力成为国家新型基础设施，真正把计算能力像水电一样便捷地提供给用户。

建立“超算互联网”的思路被置诸案头。

4

“东临碣石，以观沧海。”超算变革，前所未有。2017 年，李国杰院士就谈道：“E 级计算机将是世界上最大的深度学习平台，研究 E 级计算机一定要从机器学习的负载特征中获得需求信息，人工智能可能是中国在超算上弯道超车的一条途径。”

中国计算机学会高性能计算专业委员会秘书长张云泉在采访中说道：“从 2019 年中国 HPC TOP100 行业应用领域机器系统份额图来看，大数据 / 机器学习占 11%，互联网 / 云计算占 34%，短视频占 5%，三者加起来已达 50%。”“这说明了超算的新应用的崛起。”

中国HPC TOP100行业应用领域机器系统份额图

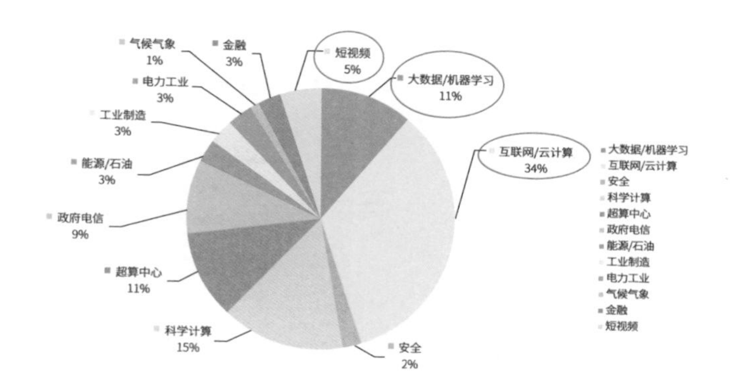

全球 Top500 HPC 榜单，也可以称为“全球速度最快的 500 台超级计算系统排行榜”。2019 年该榜单中近 30% 的系统拥有加速卡 / 协处理器，即越来越多的系统配有大量低精度算术逻辑单元，以支撑人工智能对计算能力的需求。

尤其值得一提的是，榜单前10的系统都拥有人工智能计算能力。2019年，在内蒙古呼和浩特举办的HPC China会议上，清华大学计算机系郑纬民教授也做出判断。

“人工智能应用有望成为超算的主流应用。”郑纬民教授谈道，“具有顶级计算能力的超算系统理应为大规模人工智能应用提供助力，不断拓展人工智能的技术边界。2018年的戈登贝尔奖选择了大规模深度学习应用，在入围的应用中，人工智能相关项目也前所未有地占据了半壁江山。”

“这一切都预示着人工智能与超算的结合，将越来越紧密。”

而新关键点也进入视野，异构、数学库、调度、通信库、AI库……“硅谷钢铁侠”马斯克参与创立的研究机构OpenAI发布了如下这份“人工智能与计算”分析报告。

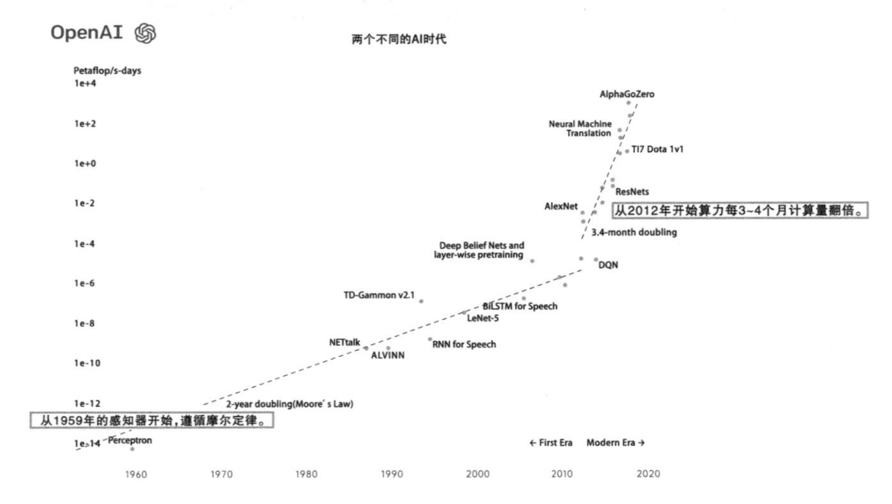

自2012年以来，最大的人工智能训练中所使用的算力呈指数级增长，每3 ~ 4个月增长1倍。

算力是AI再次起飞的基石之一，如今已像牙膏、牙刷一样成为

AI 日常消耗品。

深度神经网络规模越扩越大，超大规模人脸识别、超大规模自然语言处理模型如雨后春笋。

1750 亿个参数的 GPT-3 模型更是大到石破惊天。需要大规模 GPU 或 TPU 集群，需要在可接受的时间内看到提升效果，需要异构硬件支持训练超大规模数据或模型。“大力出奇迹”成为现象级需求。

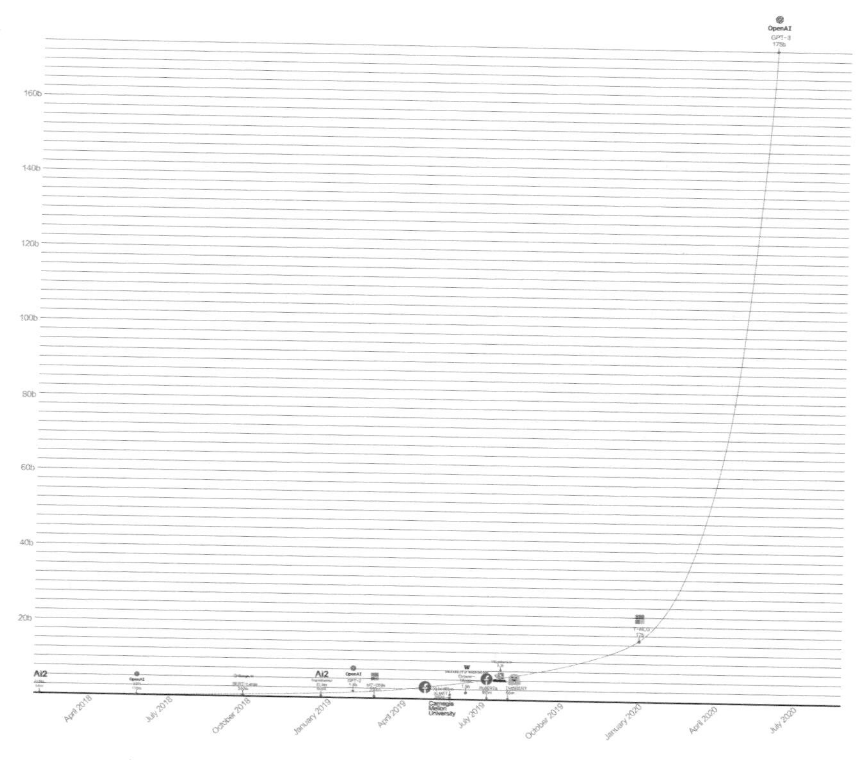

微软亚洲研究院首席研究员刘铁岩，曾在“微软 AI 讲堂 · 2019 校园行”活动中谈道：“很多研究都在追求 ‘大力出奇迹’。”另一位重量级学者周明说：“（AI 在发展）无休止的计算资源军备竞赛。”

超级计算，屹立潮头；人工智能，乘风而来。人工智能的需求超越了任何一款芯片的单独处理能力，必须使用分布式架构，把很多加速器芯片协同起来一块儿工作。分布式训练的实际性能，高度依赖底层硬件的使用效率。一个跨软件、跨硬件的复杂工程诞生了。困难，前所未有。

5

在中国工程院院士中，女院士约占5%。1957年出生的陈左宁，岁月堂堂忽六旬，依然在为中国高性能计算事业奔忙。

2020年年初，她获得了中国计算机学会女性科技工作者“CCF夏培肃奖”。她的演讲风格朴实，声音利落，知识密集。简单地说，高性能计算的目标有三个，性能，性能，还是性能，现在多了一个与大数据和人工智能融合的任务。超级计算机存在一些与服务器、小型机共同的瓶颈，比如内存墙。从某种角度讲，超算和人工智能是一个战壕里的战友。

但是，陈左宁院士的观点表达出这两个战友配合得并不默契：“人工智能所需的能力，没提升上去。超级计算机能够提供大量的计算能力，但是人工智能不需要。”

一位中科院与高性能计算相关的研究员也在采访中谈道：“超级计算机为数值计算设计，而不是为人工智能设计的。所以，AI用在现在的超算体系上并不合适，没办法物尽其用，只能说——‘能做’。”

陈左宁院士指出了方向：“经典高性能计算的环境可支持现有

人工智能模型算法，但性能功耗比较高，性价比比较低，并非最适合的，需要创新体系结构和软件架构。人工智能不需要复杂的节点计算，也不要复杂的指令系统。对体系结构的需求是高可扩展架构设计，以及更合理的映射。”是战友，就应该亲密无间，生死之交。但是，科学家的语气中都带了些勉强。

6

“日月之行，若出其中。星汉灿烂，若出其里。”在华为内部资料中，一个题为《超算中心建设汇报》的 PPT 上写着：

“Gartner 主存储魔力四象限中，华为存储处于领导者象限，华为存储的全球增长率排第一，华为存储在中国区市场的占有率排第一（由 IDC 全闪存 Market Overview 数据显示）。”外部资料同样如此。2020 年 9 月 29 日，IDC 发布的《中国企业级外部存储市场季度跟踪报告，2020 年第二季度》报告显示：华为市场份额同比猛增 8.9% ~ 30%。由于美国科技巨头亚马逊公司旗下的云计算服务平台 AWS 的 S3 对象存储服务是事实工业标准，因此这种说法 AWS 官方绝对不会提。

但是可以观察到，大多数对象存储都有兼容 S3 的接口，包括国内的公有云（阿里、腾讯、华为等提供的产品）、备份软件厂商（Commvault 公司等）、硬件厂商（Netapp、EMC 公司等）等。业内人士的口头禅是：“大家都有（与之对应的）S3 接口。”

AWS 和华为都是 ARM 的信徒，ARM 也给高性能计算注入了活力。如今，华为围绕鲲鹏和昇腾芯片建造出属于自己的 HPC+AI 王国，全自研软硬件。

首先，发挥芯片的算力要构建数学库，华为自研全栈数学库，远在俄罗斯建立了数学库人才团队。其次，自建 CANN 库和开源深度学习框架 MindSpore。其中 MindSpore 对标谷歌公司的 TensorFlow。再次，平台层面有自研作业调度和集群管理，从头开发，一行一行代码写，其中有华为加拿大研究院的参与。最后，自研 MPI+，自研 RoCE 网络，其性能逼近 IMPI 与 IB 结合的网络。“仰天一笑泪光寒”，“自研”成为华为的画风。

华为的组织架构上，云 & 计算 BG 下面分为“云 BU”“计算产品线”“数据存储与机器视觉产品线”，“计算产品线”里包含了昇腾计算、鲲鹏计算子领域。

华为内部有大小云之分，“云与计算 BG”的昵称是“大云”，“云 BU”的昵称是“小云”。曾在 IBM 任职多年，2020 年时任华为智能计算 HPC 解决方案首席架构师的王飞在演讲中也认可大数据、人工智能和高性能计算的大趋势是融合。他谈道：“现在建一个大规模超算，一般不会专门针对传统单一 HPC 业务，肯定会考虑在上面运行多样性的业务，比如人工智能、大数据等。在大规模集群环境下，多样性的业务，多样性的负载，融合是未来的发展趋势。”

但是，更为关键的是，王飞用两句话表达了自己长期以来的思考：“多样性的业务和多样性的负载，使得我们需要多样性的算力，在一个集群里可能会使用 CPU、GPU、NPU、FPGA 等各种通用和专用加速芯片。而支撑这些业务的软件平台也需要多种，包括传统的 HPC 调度平台、AI 深度学习平台、大数据平台、容器平台等，业务的融合也将促使多种平台软件融合，这正逐渐成为当前技术发展的趋势。”他冷峻的脸上，没有太丰富的表情。

停顿了一下，他继续说：“以上这些，如何在一个集群里部署好，融合到一起，并且很好地工作，是很困难的事情。”

7

随着大数据的出现，产生了变革性的系统、软件和算法。人工智能对变革性技术的需求也绝少不了。人工智能是典型的稠密计算，传统的科学计算和事务处理系统 / 软件，该如何适应？市场，从不为困难停留脚步。拔剑须臾，兵家必争。自 2017 年起，人工智能服务器快速增长。

自 2018 年起，五花八门的厂商全栈人工智能系统现身于大大的广告屏上。

早在 2019 年、2020 年高性能计算大会现场，随手抽一张厂商广告，HPC+AI 字样随处可见。演讲中，会议上，HPC+AI 的讨论不断，麦克风轰隆隆，掌声哗啦啦，计时器叮叮咚。

2020 年 9 月底，华为 EI（企业智能）部门正在进行专门的 HPC 与 AI 融合的立项准备工作。按此推论，整合 HPC 和 AI 两侧的资源，共同发力，对于应对趋势有诸多好处。华为上海地区负责该项目的员工在采访中表示："暂时不方便透露。"

参与者摩肩接踵，咳唾相闻。

曾几何时，CPU 的发展以提高主频为主要方向，因不能解决巨大的功耗问题而走到尽头。后来，科研与产业换了车道，重点突破多核 CPU 技术，这个转折让我们赶了上来。

并行处理技术成为所有人的难点，我们面临的问题，外国也没能很好地解决。如今，白发苍苍的老年人刷抖音都像上了发条，大街小巷的智能手机处理器都变为多核的了，不做并行计算不行。

并行计算技术已经处在一个全新的时代。对于 AI 训练而言，对多卡和多节点的支持，变成硬性需求。

“下一个十年，将出现一个全新体系结构的‘寒武纪大爆发’，学术界和工业界的计算机架构师们将迎来一个激动人心的时代。体系结构的改进必须和并行算法、并行软件同步进行，而且越是高层的改进，效率提升就越大。”李国杰院士曾在2020年谈道并强调，“因此，未来几十年一定是并行计算的黄金时代。”科技，要给历史一个交代。

互联网大厂盘踞网络流量入口，历经大数据的洗礼，抢占AI射门的最佳位置。这类大厂在AI训练时，分布式计算和并行计算所用的架构有何不同？对于这个问题，我采访了一流科技创始人、清华大学博士袁进辉。

袁博士先解释了之前的情况，他说：“之前，在互联网大厂内，尤其是在大数据、互联网业务中，机器学习所使用的技术架构，不是HPC的架构。”他转折了一下：“但是，在深度学习起来之后，它们使用的架构就趋同了。”袁博士总结道：“互联网大厂针对大数据与人工智能的深度学习集群架构，从高性能计算的架构里借鉴了很多东西。比如，双剑合璧的CPU+GPU异构计算是先出现在HPC领域的，后来因为深度学习本身的计算特点，高度并行、计算密集，使用异构计算非常适合（就将其引入了进来）。”

他的观点是：“现在看来，基于并行计算和分布式架构，互联网大厂深度学习集群架构和超级计算机已经非常类似了。”

一流科技公司是深度学习框架开源软件厂商，产品对标谷歌TensorFlow。一流科技与之江实验室联合研发了深度学习平台。

谈到钱，超算和人工智能就找到了共同话题。超算一开口，就是“亿元起步”。人工智能，丝毫不甘示弱。

日本“富岳”超级计算机的造价约70多亿元人民币，用电量更了不得，一年满负荷耗电量是2.4亿度。

2019 年，微软亚洲研究院一出手就买了 60 台英伟达 DGX–2 超算服务器，花费近 2 亿元人民币。再看看几大研究机构，鹏城实验室、之江实验室、北京智源研究院，均由地方政府主导、出资，算力预算也都是大手笔。

我在公开信息中查到，2020 年鹏城云脑Ⅱ扩展型项目信息化工程第一阶段项目预算是 28.1750 亿元，采购产品主体为华为 AI 集群。

8

一切犹如昨日。

欲行百里者心至千里，欲挑百斤者心受千斤。

誓师会上的泪光，胡伟武的“提头来见”，钱德沛教授在“衡水讲话”中的最后发问：如何在外部限制与封锁下，保持我国超级计算机的持续发展？

“这是必须回答的问题，自主可控不是应该鼓励的可选项，而是唯一出路。‘为国分忧’，不仅写在了会议 PPT 上，也是写在中国高性能计算从业者心底的话。”

国家对科技的投入前所未有，国家对创新的期盼前所未有。我们的目标是：产业上不受制于人，居于全球价值链中高端。

附录 A

漫画科普 ChatGPT：绝不欺负文科生

你所热爱的，都值得拥有一个名字。世界上里程碑式的计算机，问世之时大多拥有自己的名字。我认为，假如计算机的诞生是元年，下一个元年将会是“奇点”。不是比特币，不是虚拟现实，不是AIGC（用人工智能技术来生成内容），这些只是过程。当然，过程足够重要，也要有名字。

很多人看到 GPT-2、GPT-3、Switch Transformer、DALL · E 2、Codex、LaMDA，就头晕，看不懂。

它们都是模型的名字。以它们在信息技术发展史上的地位，高低得有个名字。模型里有什么？模型中的运算形式设计和运算所需的参数，都是模型的一部分。近几年，大模型发展得有声有色，一个做得比一个大。参数数量是模型大小的重要指标，但不是唯一指标。运算量也是指标之一。同样的参数数量，你设计的运算形式不同，运算量也不同。运算形式的设计是人类脑力的精华。参数，你可以简单地将其理解为机器部件，部件越多，体量越大。但不见得部件越多，机器就越好，模型也一样。

参数数量很直观，一度“参数比大小”成了关键。2020 年 5 月，GPT-3 有 1750 亿个参数，比它的兄弟 GPT-1 和 GPT-2 强大得多。GPT-3 发布仅几个月后，谷歌大脑团队就发布了 Swin Transformer，参数数量是 GPT-3 的 9 倍。但是“比大小”不是目的，“效果好”才是目的。

这些“配有姓名”的大模型，规模很关键，但是创新更关键。

贾扬清说，不是别人做出大模型之后，简单跟进说“我们可以做得更大”，更重要的是，在前人基础上，做出更多的创新成果。OpenAI 也只是一家搞 AI 创业的“小公司”，在“转身”成为公司之前，是一家公益性质的科研实验室。公司虽小，愿景却大：“让人工智能有益于全人类”。从此，OpenAI 矢志不渝地朝着通用人工智能（AGI）的方向不断尝试。AGI 是最有抱负的科技方向之一，拥抱 AGI 必须让机器展示出人类所拥有的各项智能，亲情、爱情、友情等。但怎么前往实现 AGI，人类毫无头绪，也有人说，毫无希望。情况就是这么一个情况。

把模型做大是不是通向人工智能的路？谁也不知道。但是模型大了，效果确实好了。大模型的竞争从寥寥无几的参与者到陷入忙碌，比方法，比技巧，比谁有效。

2022 年 3 月，InstructGPT 加入了人类的评价和反馈数据，效果也很好。参数降到 13 亿个，小但也可以很能“打”。Instruct 的中文有吩咐、指导之意，就是说，按照人类的指示行事。讲到 InstructGPT，距离 ChatGPT 也不远了。ChatGPT 也是按人类的指示行事，方式是通过问答。大模型超级难做，消耗了无数系统工程师和算法工程师的智慧和精力，是个系统工程，如今看来，国之重器，毫不为过。

这擎天玩意儿让缺乏创新的模型看起来像夜市地摊上摆放着的粗糙的塑料玩具。这种规模的模型，用“做出来”这个动词已经不合适了，与其说是“开发”，不如说是“组织开发”。

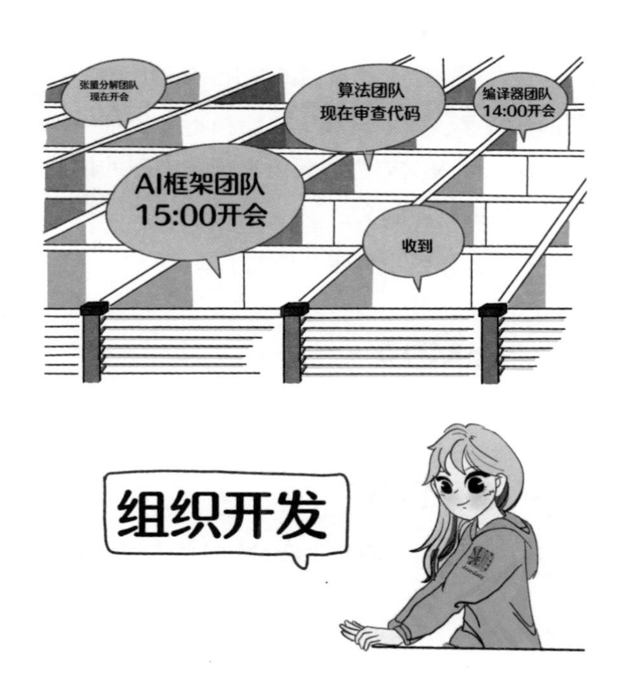

为此 OpenAI 配套了上游数据团队和下游芯片“大军”。据 InstructGPT 的技术博客，从事高质量数据收集、挖掘、清理、增强等方面工作的人员，从 40 人增加到了 1000 人。数据团队有技术含量，收入可观，单说是一家科创板上市公司也不过分。作为 ChatGPT 的数据公司，哪怕进行轮次融资，投资人也会爱极了。为了开发一个模型，配套一家上市公司，真是妙。

这还没有完。芯片方面，据业内专家透露：“OpenAI 公司为训练 ChatGPT 使用了 10 万块英伟达 A100 GPU。”

且不说价钱，这一型号的高端 GPU 已经被美国限制出口，中国国内买不到。ChatGPT 背后的一些信息来自 InstructGPT 的学术论文，InstructGPT 的核心思路由之前两条研究线路带来。也就是说，装在 ChatGPT 弹匣里的银色子弹，一颗叫“自然语言理解的大语言模型 LLM”，一颗叫“带人类反馈的强化学习 RLHF”。

贾扬清的解释是，这一系列大语言模型多少都采用了不带太强结构的统计方法：“根据周边的词语来预测中间的词语”或者“根据前面的文字来生成后面的文字”。

当然，还有一些银色子弹叫“外人不知道”。

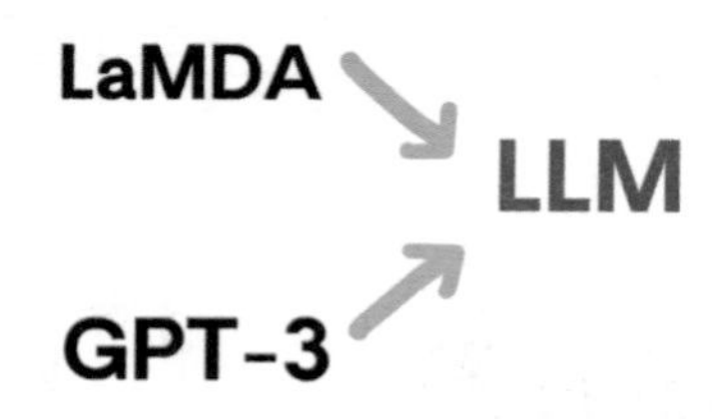

GPT-3和LaMDA都是大语言模型

叹服 ChatGPT 前沿科研能力之余，应思考它如何从一个科研成果变成人见人爱的科技产品。OpenAI 此前推出了一种产品试用机制，使用了两个工具。工具一 Playground，工具二 GPT-3 API。API 是需要代码调用的接口，并不是人人都可以轻而易举地体验它的能力。

当然 GPT-3 API 已经非常简单，通过复制粘贴代码也能试一下。

《ChatGPT行为自查手册》

1.是否强词夺理　✗
2.是否会编造不存在的文献　✓
3.是否说一本正经的车轱辘话　✓
4.是否信口开河　✓✗
5.是否拒绝回答问题　✓✗
6.是否缺少2023等年份的新数据　✓

贾扬清认为，产品试用让产品和市场在小范围内进行磨合，尝鲜者虽少，但从本质上说，产品试用为后续的科研带来了大量的数据输入。科研没有停止，科研在不断走向产品。计算机领域内有一个短语叫作“human in the loop”，有人将其翻译成“人机交互”，但并没有揭示出该短语的核心，也有人将其翻译成“人机回环”。贾扬清的解释是，将一篇科研文章变成一个软件原型（Prototype），再将用户体验，数据的回流、标注、再训练这个闭环做得非常精准。ChatGPT 在这个领域内表现出了高超能力。

科技产品可以粗糙，也可以精美。

ChatGPT 的科研背景非常强，满身都是商业机密，虽然公布出来的技术大家都懂，但是为什么效果这么好？ OpenAI 团队做出了一个目前为止最接近 AGI 的东西，似乎证明了通用人工智能是存在的。无论是不是，它离我们想象中的 AI 越来越接近了。

附录 B

ChatGPT 大火，如何成立一家AIGC公司，然后搞钱？

曾几何时，多希望有一个写稿机器人，来拯救作者的发际线。

想象中的写稿机器人：

现实中的写稿机器人：

现实中的写稿机器人

帮我写一个科幻小说，发生在火星上，男主人公是科学家，客服困难定居火星

科学家亚历山大·格林比是火星殖民地的领导者。他带领了一个小团队前往这颗遥远的红色星球，以寻求解决地球上日益严峻的环境问题的解决方案。

但是，在到达火星之后，亚历山大和他的团队面临着各种各样的困难和挑战。他们不仅要适应火星的恶劣环境，还要面对来自外星生物的威胁。

尽管如此，亚历山大并不气馁。他坚持不懈地研究火星，并逐渐发现了一些令人惊讶的事实。他发现了火星上存在着一种强大的能量源，可以解决地球上的能源危机。

亚历山大决定利用这一发现，为人类带来希望。他开始研制一种能将火星上的能量传输到地球的装置。然而，当他接近完成这项壮举时，他发现自己正面临着一个巨大的障碍：一群外星生物正在试图阻止他完成这项任务。

亚历山大不甘心让自己的努力付诸东流。他决定与外星生物做斗争，以保护人类的希望。他勇敢地站起来，与外星生物展开了一场

继续写

惊心动魄的战斗。在一番激烈的交锋中，亚历山大用他的科学智慧和勇气，成功地击败了外星生物。

最终，亚历山大成功地完成了他的任务，并将火星上的能量传输到了地球。他的努力为人类带来了希望，使得人类可以进一步向前发展。

亚历山大回到了地球，成为英雄。他的事迹被记录下来，并被人们传颂不衰。他的故事激励了后人，证明了人类的智慧和勇气可以战胜一切困难。

火星上的客服困难，成为人类历史上一个划时代的里程碑，它证明了人类可以超越自我，勇敢地追求自己的梦想。亚历山大·格林比的事迹，将永远被人们铭记。

震惊和赞叹，让人窒息。

于是，提问：为啥是 OpenAI 公司，而不是别的公司搞出了人类历史上最接近通用人工智能的产品（ChatGPT）？为啥是美国科技公司 OpenAI，而不是中国公司？

这些问题太深刻，本来上班工作压力已经很大了。我提议，不要埋怨自己，要勇于“指责”他人。

ChatGPT 大火，好现象。毕竟，3 分钟的热度，就有 3 分钟的收获。

“ChatGPT 的成功之道”很多人都能如数家珍：先进的技术，高质量的数据，用起来不“抠搜”的算力，充满创造力的团队。

听上去，人工智能像用钱堆起来的。相信我，干起来更是。

有钱就够了吗？

有一句箴言：人工智能行业里，哪怕有一种创新，都需要三个前提—远见、钱和基础设施。

你提问，人工智能回答，比搜索引擎还体贴。

鼠标点击 ChatGPT 那么一小下，点出了 AI 产业又一个黄金十年。能创造黄金十年的，都是跨时代的产品。

ChatGPT 并不是唯一的跨时代“神器”（生成式大模型），而 ChatGPT 最为出名（因为有简单好用的应用产品面向普通人，甚至小学生）。

这些课代表（GPT-3、Switch Transformer、DALL · E、InstructGPT 不用记，都是 AI 模型的名字，好比大强、大壮、大美，反正就是“大”）的出现，令“基础设施”一词的含义也发生了变化，准确地说扩大了，大模型本身就是 AI 基础设施。

任何一个跨时代产品的背后都有一个跨时代的技术栈。AI 技术栈有三层楼那么高。

在技术栈里，以前，AI 框架就是典型的基础设施。然而，情况变了，成熟的大模型直接变成了基础设施。

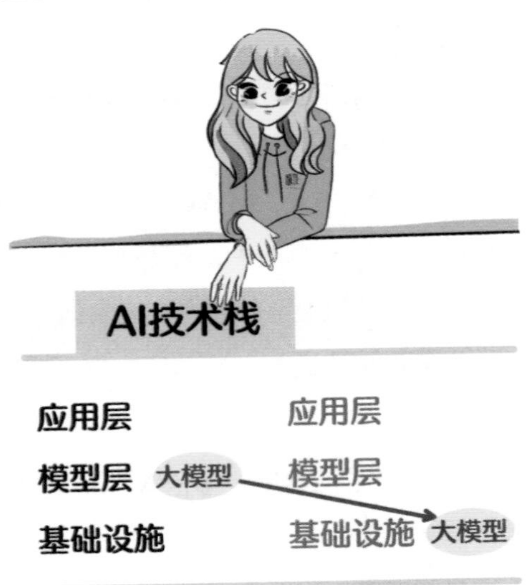

这种变化值得留意，基础设施型技术这种幕后英雄动不动就被人忽略了。而大模型，让人过目难忘。好消息来了，一部分投资人的共识是，AIGC 赛道很有想象力，比 Web 3 和元宇宙更靠谱，可以投资。好消息又来了，微软将在其消费者和企业产品中部署 OpenAI 模型。

ChatGPT 融入微软产品线这一历史性“成功”，在寒冷的冬日，给资本送去了温暖，送去了信心。

投资人有了信心，才会给创业团队投资。ChatGPT 赚钱了，AIGC 创业公司呢？

虽然巨头公司“教育”了市场，但是 AI 技术栈每一层楼现在都面临着很多的不确定性和挑战。投资机构 A16Z 对这个现象表示，他们没有答案。

另一个投资人的共识是，虽然图像识别、推荐系统等已创造了巨大的市场，但是上一轮 AI 创业企业（包括计算机视觉应用企业、决策式人工智能企业）并没有赚到大钱。

曾经也说充满了想象力，但想象力不是答案。

做 AIGC 的创业公司可以有如下两个思路。

第一，干出一家超越 ChatGPT 的创业公司，一举拿下大模型创新的高地。

第二，创业公司基于大模型的能力，调用 ChatGPT 的 API。

第一个思路有多难做，又需要多久呢?

我请教了一位国内顶级科技大厂的 AI 高管，他认为："资源投入不受限的情况下，模型团队到位，AI 系统（框架、编译器）团队到位，专业化数据标注团队到位，铆足了劲儿，18 ~ 24 个月，追平 2022 年 12 月的 ChatGPT 版本（的能力）。"

而另一位顶级科技大厂的 AI 总负责人则告诉我："ChatGPT 之后，算法侧的竞争加剧，资源消耗增加，假如短期内没有收益进账，基础设施侧资源供给的压力必然增加。"

连科技大厂这种不差钱的企业都在对大模型的花销"精打细算"，更别说创业公司了。

很多人想做时间的朋友，最后都没有坚持。大模型看上去是掘金，实则在销金。第一个思路真是巨难无比。

投资人对 AI 框架、编译器等基础设施无感，认为模型算法强就够了，而大模型是一个非常依赖基础设施的技术。

第二个思路，ChatGPT 调用 API，技术壁垒没有那么高，但依然有创新空间。

投资人希望 AIGC 创业公司，拥有技术壁垒，拥有落地指望，拥有商业模式，别搞一堆“中看不中用”的技术，场景用不上，用户用不上。比较 2022 年同期，投资人更看重产品化的能力、快速变现的能力，“快速”一词要着重强调。

比如，在好场景里创业，那么场景要好到什么程度？

比如，To C 纯娱乐，内容生产。

比如，To B 首选金融、自动驾驶、医疗等大蛋糕市场，用户付费意愿强。

按照这个逻辑，算一笔账，算出创业公司能帮客户节省多少成本，提高多少效率。

发现好市场，以速度抢占，甚至有投资人称：“拼手速的时候到了。”

恐怕大家都看出来了，投资人和技术创业者之间的认知差有马里亚纳海沟那么深。基础设施投入得多，公司就“重”，而投资人喜欢“轻”。

一些中国 AI 创业公司的高管看到 ChatGPT 的效果之后，立感颜面扫地，顿感尴尬无比，只是嘴上不愿意承认。

突破性技术诞生于美国硅谷，ChatGPT 这样的创业公司十年难遇。差距将中国技术极客们集体点燃，反思异常深刻。

除了投资人，我们还需要什么？

第一，决心：一家 AIGC 公司，从公司成立第一天起，就无所畏惧地大声说出：“我们要实现通用人工智能”。不是安防智能、分析智能、看板智能、推荐智能、广告智能、家电智能，搞一个大的，能征服全世界的大模型，实现中国原创。

第二，初心：把技术做成产品，实用的产品，打破留存率、产品差异化和毛利率的瓶颈，将创新思维和工程实践完美结合，实现产品中国制造。

第三，真心：上整建制 AI 团队，整建制意味着数据、算法、系统三大战线全面覆盖。不能重算法团队，轻系统团队，轻数据团队。

成功要素的清单可以继续往下列，并且都有一个共同点，即这些都不是钱能决定的。

我向顶级投资人提问："以 ChatGPT 为代表的 AIGC 创业公司到底能不能赚到钱？"

一位投资人抛出了那句熟悉的话："等等看（美国那边有什么动静）。"

也许投资人与创业者需要一起静心坐下来，好好聊聊，考验双方的远见与决心的时候到了。

行文到此，忽听堂外有一声号令，嘹亮而庄重："35 岁以上程序员，出列。"

错了，我们重新来一遍。

"对技术有激情、有信仰，要征服世界的程序员出列。"

附录 C

数据治理，是不是一道“送命”题？

很多年以前，企业每天都在想方设法，把手头的数据用好。

钱来货往，大数据和人工智能火起来之后，沉淀的数据一下子多了起来，如何管好＋如何用好数据，成为大多数企业的难题。让数据发挥价值是近 10 ~ 20 年才有的概念，这就带出了数据治理。数据治理，是伴随解决“糟心事儿”而生的。在数据开发的过程中，会冒出各种“糟心事儿”，五花八门（包括质量、效率、安全等方面）。而数据治理的任务就是，对于这种“事儿”，来一个“消灭”一个。

有的问题三年五载也解决不了，那也得干。一直解决不了，就一直有“痛点”。

一般来说，数据治理专家不会说得这么接地气，而是会说：“保障数据准确、全面和完整，为业务创造价值，同时严格管理数据的权限，避免数据泄露带来的业务风险。”

高层可能听了颔首，员工可能听了不服气，数据治理不“接地气”，工作就得“接地府”。

某位大型互联网科技公司的研发负责人在和公司老总一起出差的时候，抓住时机，用航班全程时间“安利”了一把“数据中台”。

老总对知识点吸收得很好，很喜欢，把“组件化”“标准化”“不重复造轮子”都学会了，还安排研发负责人去推动。闭门研究了一段时间后，研发负责人拿出了一个大图，你干这个，他干那个。完全按照理想化的思路，进行了天翻地覆式的大改动，相当于重新设计。

很多管理者一看到这个“蓝图”都“傻眼”了，心里又气又恨，脸上还得佯装笑容。表面上夸创新，背地里和几个关系好的，交换眼色，把手放在脖子上做了个横刀一抹的动作。

数据中台这块蛋糕，关系到绝大部分数据资产的管理权限，你动了这块蛋糕，也就是动了管理者们的核心利益。对于各个部门、各个事业群的一把手来说，这无疑相当于重新划分“势力范围”。

你画这个“蓝图”时问过意见了吗？没有的话，那可不行。

于是，大家“齐心协力”把那个研发负责人整下岗了。最终，这位研发负责人铩羽而归，离职而去。

数据中台和数据治理有什么关系？数据中台是解决数据治理问题的方式之一，但不是唯一的方式。数据治理的概念20多年前就有了。

还有一个机构，叫作数据治理研究所（DGI）。据该所的定义，数据治理就是为了确定一系列原则和实践，确保数据在其生命周期内拥有高质量。

之前，一听到数据治理这四个字，人们的条件反射就是安全、管控、规章制度、条条框框。说白了就是怎样确保数据安全。普通员工一听，这不关我的事儿，那是中高层的事儿。公司里有资产放着不用，或者用不好，就是管理水平低，数据资产也一样。但是，数据越来越多，存储和处理数据很费钱。

有人开始思考：怎样把数据作为一项服务提供给整个公司的技术团队，甚至非技术团队，使数据用起来。

数据孤岛，始终存在，员工想在公司内看到更多的数据，成了一项情商测试，得看人品，看关系。两个部门之间，即便部门领导都批了，可以提供数据，提供数据的方式可能还是发邮件或者用 U 盘复制，十分落后。

一些科技企业数据治理的主要“业绩”，就是促进跨部门的数据合作和使用。而大部分传统行业企业还没有数据治理的意识。即使萌生了一星半点儿意识，其目标也只停留在合法合规安全管控，不出乱子。甚至，不少传统企业连“促进跨部门数据使用”这个意识都没有。

典型的数据技术部门是什么呢？比如，美团的数据科学与平台部，京东零售下面的京东技术与数据中心，快手科技主站产品部下面的数据分析部等。还有百度科技的大数据部，以前级别挺高，现在被纳入百度 AI 技术平台体系内。

经过数据治理的一番努力，以前唯有数据技术部门能使用的数据，更多的部门能使用了。以前用不了的数据，现在能用了。但是，好处也不是白来的，权利和责任是相对应的。

原来非数据部门、非技术部门没权利去管理数据，同时也没义务去维护数据质量。现在不一样了，有权利使用，也要负更大的责任，维护数据质量。

负责数据治理的团队，即使看到了“糟心事儿”在某几个团队之间“扯皮”，也不能直接介入处理。而要把问题整理成“共通的痛点”，先给决策层做提案，做建议，然后才有下一步。如此一来，很多数据治理问题，历久经年，拖成了“冤案”。短期还得依靠发邮件或者用 U 盘复制数据，如此这般，至少还能用上。

有些公司被逼做“数据治理”的动力，启动数据治理的大背景，就是数据质量存在问题。比如数据仓库的及时性、准确性、规范性，数据应用指标的逻辑一致性等问题。数据质量影响到使用，不得不干。

过去，企业内部的大部分数据系统，是为了解决某一个业务问题而开发的。在开发数据系统的时候，并没有考虑到将来这部分数据资产要用在别处（其他业务、其他系统、其他领域）。一段时间之后，别人用到这些数据的时候，不管从技术性能的角度来讲，还是从各种服务 SLA（服务级别协议）的角度来讲，可用性都较低。

变化一定是越来越多的，比如说数据源从单个变成了多个，从单云变成了多云，种类由以关系型数据库为主变成了文档、图像、视频、声音、时间序列等。

比如，REI 是一个美国人喜爱的户外用品零售商，REI 使用 Tableau 整合了来自 75 个数据源的数据，使得可以分析完整的客户体验。数据的使用从 BI 报表、看板、大屏，到 Ad-Hoc 商业分析、数据科学分析、机器学习应用，等等。还有，原来以数据仓库为中心的技术栈相对简单，只需要管好 ETL 过程、存储过程、查询引擎、可视化，就可以了。现在可好，技术栈出现了爆炸式的增长，要管的东西掰着手指头数不过来。

好的数据治理，能够让企业转身就获得新的商业模式。

Huel 这家代餐食品公司就是这么说的，而且他们还说能够以 98% 的准确率来预测 1 月份每天的销量（该公司的业务特点导致很难预测 1 月份销量）。

无论出于何种无奈，数据治理迟早要做，极少数走得快的，甚至用上了“超级智能化”服务。反正，穷的穷死，富的富死，还有很多企业焦虑得要死。

全文审核专家：杨荟博士，他是一位连续创业者，曾任埃森哲中国数据科学和 AI 团队创始人，现任某跨国快销品公司数据和 AI 总监。

附录 D

AI 人才，需要花多少成本栽培

林达华，现任 MMLab 掌门。MMLab 是香港中文大学多媒体实验室，也是港中文－商汤联合实验室。掌门的大部分时间花在分布在全球的多个实验室里，所以北京的记者想面对面采访他，不是件容易的事。

最终，我们约在人工智能（AI）界武林门派相聚的大场面——世界人工智能大会见面。

“全球智能领域最具影响力的科学家和企业家相聚于此地”的俗话，就不必提了。

拜见武林一流门派掌门人，脑中会有“拱手抱拳”的想法。谁知，他几句中英文混搭的表达，马上把我拉回 AI 的世界。林达华说话间始终带着一种教授上课时特有的细腻与耐心，仿佛既可向其求教，亦可与其争论。

修炼上乘武功，须入名门，拜名师。在学术界，地势高是一种相对优势，虽然不是绝对优势，但是研究人员所处的平台往往能起到决定性的作用。在很多怀抱着 AI 成才梦的学生眼里，MMLab 是名门，林达华是名师。

今日的老师，亦是昨日的学生。

时间拉回到 2012 年，林达华获得美国麻省理工学院计算机科学博士学位。“当初为什么不留在美国？”他应该不是第一次被问到这个问题，而且，他也已经做出了自己的选择。

他笑了笑，给出了一些具体原因。他说："中国内地和香港都有很好的环境，加入 MMLab 可以迅速地投入研究工作中。香港中文大学和汤晓鸥老师都给予了很多支持。"

可见当年，他选择研究平台的时候，没有太多犹豫。

"在麻省理工学院求学最大的收获是什么？"

他的回答是："接触到了不一样的科学文化，学习到了不同的研究思维。"

他又强调："研究、创新讲求的是思维碰撞，我格外看重。"

这是一个需要被格外重视的要点，也是练功的不二法门。他告诉我，碰撞，从而得到很多创新成果。这不仅是他的感受，也是汤晓鸥老师的理念。既然重要，他进一步解释了"碰撞"。

他说："汤教授也曾讲过，新思想依赖于碰撞与交流。碰撞出来的想法对实验室做创新很重要，使研究人员站在世界前沿。"

回忆起自己在香港中文大学的研究生时光，他谈道："早期的人脸识别还没有用到深度学习技术。我在麻省理工学院之后的学习，更偏统计学与概率建模。回到香港中文大学任教时，正好身处深度学习的浪潮中，做的是深度学习。"

一个周期，往往是一个研究人员的半辈子，机会留给有准备的人。

林达华有一个很高的起点，而他继续在这个高起点上积累，尽全力把学术研究和学生们推上一个新高度。

五年弹指一挥间，从 2015 年到 2019 年，MMLab 累计拿下 99 篇 CVPR，38 篇 ECCV，51 篇 ICCV，9 篇 NIPS。

如今的 MMLab 不再是一个武林门派，而属于一派武林联盟。

2019 年是一个里程碑。这一年，商汤科技及其与多所全球知名学府共建的联合实验室，总共以 57 篇论文入选 ICCV。算上同年被 CVPR 接收的 62 篇论文，累计有 119 篇论文入选全球两大计算机视觉顶会。

人们常说，一切科研成绩的背后，都是刻苦的钻研、有效的训练。其实更重要的是后半句，这是更值得探索的关键——“什么是有效的训练呢？”

有了《九阳真经》，也得讲究如何以正确的法门练功，走火入魔了怎么办？

“做研究最重要的是什么？”

林达华说：“找到真正的挑战在哪里。”

迈入 MMLab，林达华希望学生，特别是刚进入学术研究领域的学生，能够深刻理解的第一个问题是：做研究最重要的是什么？

“答案并不复杂。”林达华说。

“做研究最重要的是，找到真正的挑战在哪里。很多研究人员在实验室里拍拍脑袋，写一篇论文。虽然这篇论文可能很成功，但是没有什么应用价值。因为学术界想象的问题和产业落地需要解决的问题，之间存在巨大的 gap（鸿沟）。”

他停顿了一下，强调：“研究人员在 AI 落地的过程中接触到了真实的需求，从而发现学术界根本没有注意到的事情。”

“MMLab 的学生，不发非顶会论文，不发没有突破的论文。”这句话代表着林达华对学生的期望与要求。他不想让学生在学术的路上有“另一种”学术思维和习惯。

在他的世界里，优秀与非优秀不是两个不同的标准，而是在做两件截然不同的事情。

论文对学者的学术高度有决定性意义。但是，从林达华对学生的栽培，从他对学术教育的理解来看，他的汗水不会浪费在——仅仅写出“漂亮”的论文。他要的是高质量的创新，这是 MMLab 文化中更深层次的动机。

一心只想打败别人的人，会成为武林高手。一心思考创立武功门派的人，会成为武林宗师。

只要稍微打听一下，就能知道，今日的香港中文大学 MMLab 绝不会缺生源，很多基础扎实、成绩优秀的学生慕名而来。

林达华这样描述刚刚迈进实验室的学生，“很多学生第一年来 MMLab，有一定的知识储备，但是对如何做研究还处于起步阶段。”在他眼中，每个学生的可塑性都非常强。

他直言：“MMLab 对学生的期望是，毕业之后能够独立开创一个方向，带一个团队。” 比如他看到，有不少他的学生毕业去了商汤科技，就能直接 lead（带）团队。

“进了实验室之后，学生会接受什么样的训练与培养？”

也许是第一次被问到这个问题，采访时，林达华静静地思索了一会儿，拿出了一个“三阶段理论”，让我不得不迅速进入“记录练功要诀”的状态。

他强调，MMLab 没有独门培养秘籍，恰恰相反，这是一个 AI 领域的研究人员必然经历的三个阶段，也是人才培养的规律。

第一个阶段，懂得怎么做一个 project（项目），突出一个“领”字。

他会告诉学生，要做一个什么项目，往哪个方向探索，技术路线是什么。学生会在他的指导下，在师兄的协助下，逐步自主完成一定数量的项目。

在一开始的时候，他会与学生一起仔细讨论“教授的指引与期望”。林达华强调，在这个过程中，绝对不会强迫学生去做不愿意做的事情。他在说“绝对不会”这四个字的时候，特意加重了声音。

因为，学生要做的事情，虽然是紧跟教授指引的，但是学生必须提出自己的想法，明确自己感兴趣的地方。

他接着根据学生的想法，围绕相关问题在学术上是不是真的有价值，朝某个方向做下去会不会遇到一些根本性的障碍等问题来来回回沟通。

这个过程可能会用掉一个月或者更长的时间。他认为，过程本身就创造了教学的意义。

他强调：“目的是教授领着学生找到一个长期深入做下去的学术方向。”一开始，他可能会给予学生较多的指导，观察学生，了解学生一步一步学习适应的情况。在这个阶段，学生会在有指导的情况下，逐步开展研究。

此时，林达华第二次强调，MMLab的学生不会发没有突破的论文。因为目标定得低，是浪费学生的时间。

他认为，思维方式和研究习惯的养成异常重要。如果从一开始就定位于发非顶会论文，会养成“另一种”思维方式，而这种思维方式，不在实验室培养体系之内。这是从学生需要的视角再次解读了为什么不发非顶会论文。

第二个阶段，突出一个“独”字。

林达华说，他会和学生一起定一个方向，但不会有细致入微的guidance（指导）。学生恐怕需要自己找资源，大多数尝试甚至连数据集都没有。

在林达华眼中，MMLab 在很多比赛中名列前茅，那只是对学生的锻炼。他自信而又坦诚地说：“我们已经完全超越了‘刷榜时代’，锻炼学生用 AI 解决问题的能力，在我给他们制定的第一阶段的长跑中就已经完成了。”

第二阶段的重点任务是开拓一个方向。

“我们会讨论这个方向的目标是什么。可能连数据集都没有，那就得自己建，把算法做出来，设计实验，坚持到完成。这个时候，需要培养学生独立完成一个高水平项目的能力。”

林达华在描述的是“科研探索者”拾阶而上的人生之路。多少练武之人一步一个石阶地攀爬到“壁立万仞”之下，抬头一望，四字凛然。

他继续介绍，第三个阶段，也是毕业前的一个关隘，突出一个“闯”字。学生自己找到研究方向，独立产生研究思路，坚持到底。

他再次强调了一下重点：“自己找挑战，自己找问题。”

“踏踏实实地经历以上三个阶段，基本上意味着毕业后可以独挡一面。”这是林教授的教诲，也是他心之所愿。

“学生的个人情况会有所不同，有的偏思考型，有的偏实践型，有的偏工程型，我希望每个学生毕业后都会形成一条独具个人特色的研究路径。”他又补充道。

“独具个人特色”一词被林达华格外看重。从某种程度上讲，这个词里包含一种“高质量创新”基因。他言语中透露出那种对学生与生俱来的特色的珍视。

“无论学生是偏好研究还是偏好工程，都会找到自己的位置。有的学生毕业后愿意去商汤科技，因为今天的商汤科技已经是一个计算机视觉领域的大平台。有的学生愿意去美国继续深造。”

林达华乐意看到种子发芽，拔节成长，至于选择未来奋斗的土地是热带雨林，还是高原盆地，他不会做任何限制。

他的任务是把学生培养出来，并带有 MMLab 的基因。从培养一个个，到培养一批批。

汤晓鸥教授于 2001 年创办了 MMLab，十几年过去了，它早已孕育出别具一格的研究文化。

“我们如何理解 MMLab 的团队文化呢？”

林达华答道：“我们当然有自己的文化。”但是，又思考了一会。他说：“这也是我第一次总结实验室的文化。”

第一，尊重。

尊重学生的创新想法。这里强调的不是分配研究想法，我们的角色是导师（Adviser），这个角色的重点是引导学生形成研究的想法。

教授并不会在一线接触数据和代码，如果随便地指手画脚，很可能会干扰学生的创新思维。

学生需要自己找到真正有价值的挑战。当学生形成想法时，教授会抛给学生第一个问题——为什么你的这个问题之前没有解决？

休想让他直接告诉学生，你该做还是不该做。

这个问题可能在做完文献综述之后，也未必思考得清楚。文献综述只是回答这个问题的其中一个环节。

为了解释这个关键问题，他马上举了一个例子，像极了课堂上老师回答学生的追问。

“以时序算法为例，学生可能会说，以前的方法受制于 10 秒内存的限制，处理几分钟或者更长时间视频分析时遇到困难，我要研究的问题和前人研究的有何不同之类。”林达华说，“这个问题不能让学生僵化地回答，他会要求学生尽量具体地回答，研究的问题和论文 A 有哪些不一样，和论文 B 有哪些不一样。”

第二，价值。

假设这个研究做了出来，价值是什么？

他强调不局限于学术价值，而是给人类社会带来了什么价值。

“还是以时序分段网络为例，解决这个问题，就意味着拓展了AI 处理视频时长的能力，以前处理不了的视频，现在可以通过技术手段处理了。”他借用具体的研究来解释思考问题的方式，

“如果要在学术上有所行动，首先要回答清楚两个问题：一是为什么这个问题之前没有解决？二是假设这个研究做了出来，价值是什么？（有什么学术价值和给人类社会带来了什么价值）。如果这两个问题能够处理好的话，需要研究的问题实际上就已经成立了。”

他强调，一个学术问题，不需要一堆问题来定义，一到两个根本性问题就能够将这个学术问题定义清楚。Adviser（导师）这一角色的重点是引导学生创造有价值的想法。

教与学，答与问，日日修炼，夜夜参悟。

“MMLab 与 AI 独角兽商汤科技如何合作？”

“在回答问题前，我必须说，MMLab 作为研究机构，与商业机构比较起来，有着完全不同的使命。使命决定了目的地。”他先强调了这一句，才开始回答我的问题。

这代表着，他对自己所领导的研究机构的使命理解得非常清晰。这是一个既熟于思考，又想得透彻的问题。

林达华说：“商汤科技能与很多不同的行业、对 AI 有不同需求的伙伴接触，积累大量落地经验。这些经验对学术研究人员来说非常宝贵。MMLab 会和商汤研究院进行非常密切的日常交流。面对实际问题，商汤研究院先上，而面对更基础的问题，研究院会‘交棒’给实验室。”

“交棒”的背后是充分的信任。一个动作，两层内涵。交棒的人完成了自己的任务，抵达了自己的终点。接棒的人接受的不仅是

工作，更是信任。“拍拍肩膀，哥们儿，以后靠你了。”接棒人，上场了，背上的是责任，也是期望。

“基础问题以研究课题式项目管理的形式来推进。实验室不能保证研究过程中能够 100% 把问题解决。”他表达的时候，神情理性且坚定，又轻轻地摇了摇头，强调了“研究的宿命”，“因为做研究没有 100% 的保证，没有。”

“但是，”他的脸上露出笑容，接着说道，“实验室在研究问题的过程中，会提出很多非常有价值的思路。不仅如此，根据这些思路，研究团队会做实验，做出原型。”

接着，他又直接地表达了商汤科技与 MMLab 的关系，面容上，没有任何意欲婉转的意思：“商汤科技是一家商业机构，要考虑营收，有些问题可能不能拖个一年半载。这时候，实验室的优势就发挥出来了，因为实验室有很大的空间去做这件事，会发展出更长期、更有创新性的解决思路。商汤科技与 MMLab 有交流机制，保证‘发现问题，解决问题’的闭环不断地循环。实验室的创新思路会通过最短的距离变成产品，而市场也会给予实验室最直接的反馈。”在林达华看来，产学研的呼声喊了很多年，但是，很多机构间的合作链条并不顺畅，而商汤科技与 MMLab 的合作自然而又紧密。

研究资金，是一个颇有些引人注意的问题。林达华清楚地介绍了研究资金的两大来源，他说道：“一方面，香港中文大学给予了实验室很大的支持，教授们无须忧心费用，可以非常专心地做研究。另一方面，商汤科技和香港中文大学有研究投入协议。此外，大湾区 AI 相关产业发展迅速，有政策支持。对实验室来说，费用上压力小，视野更高更广，更专注长期、专注创造性，更有能力把工业界的问题解决彻底。”

顺势，他举了两个例子。

第一，如何处理比标签数据多百倍、千倍的数据？

计算机视觉研究会涉及海量数据，其中很多数据都没有打过标签，而传统的深度网络是有监督学习。那么，如何处理比标签数据大百倍、千倍的数据呢？

这个问题被交给了 MMLab。众所周知，模型质量和性能与输入的数据有很大的关系。如果没有有效的聚类方法，送数据进去反而会使模型质量下降。需要一个有效的、对上亿级别数据进行聚类的方法。

MMLab 最近有两三篇论文都是关于这个方面的。一种有效的做法是把大规模的数据聚类，把聚类之后的每一类看成其中一个不同的人。但是如何在海量数据中高效、高质量地聚类，是尚未解决的开放性问题。这个问题不是对具体某个产品进行提升，而是研究团队抽象出解决方法，去解决一个根本性的问题。

好消息是，使用神经网络进行聚类，对商汤科技所有需要用到海量数据的产品带来了性能上的提升，很多业务线都用到了这个解决办法。

第二，视频理解工作。

在 2013 年和 2014 年之前，大部分视频理解工作都是处理 10 秒以内的短视频，用机器分类短视频的办法距离实用还非常遥远。即使提出卷积神经网络之后，因为硬件的限制，还是没办法处理长视频。

以前，MMLab 分析一段视频，会每隔 5 帧取 1 帧，因为 GPU 中放不了太多帧。但是，工业界的实际情况是需要处理相对长时间的视频，比如几分钟的视频。在这种背景下，MMLab 在 2016 年提出了时序分段卷积网络。时序分段这个方法不再是 5 帧、5 帧去取，实验室将整个视频按照语义，每隔 5 帧分成若干个段落。这样解决了两个问题：一，每隔 5 帧取，重复性高，重复计算量大；二，如果间隔较远才取 1 帧，时间尺度又会变长。

团队决定向着较远的取帧时长努力，因为重点是避免重复计算。

解决问题的思路并不复杂，但是从根本上和传统的思考方向不同。别人都在想着怎么改善网络结构，但我们改变了采样的方法。

时序分段方法让实验室取得了当年 ActivityNet 比赛的冠军。同样也是好消息，从 2016 年起，相关论文提出的方法就已用在商汤科技的各种视频分析业务线产品中。

林达华想用这两个例子来对比高校实验室和企业研究院的区别。高校实验室基础研究空间大，基础研究一旦成功，杠杆效益巨大。

他对实验室有能力把工业界的问题解决得更彻底，非常有信心。校企合作激励 AI 学者向本质问题挑战，而这些本质问题恰恰不是一个纯学术实验室环境能遇到的。

本质问题非常顽皮，常常生于工业界。所以，很难下一个单一的结论，是学术界带动了工业界，还是工业界带动了学术界。按照林达华的观点，“正反馈的闭环”是最佳解读。

一名毕业于北京大学的硕士研究生同学告诉我：“申请博士的时候，MMLab 一定会在首选实验室清单中，现在 MMLab 享誉全球，实力堪比常春藤名校，连大神级人物何凯明也待过，令人向往。”

学与教，问与答，日日修炼，夜夜参悟。“创新者”与“创造者”林达华，在对科研的热情中栖居，在对教学的深情中寄植，他探索着科研的生命力，张扬着沙场上的将领精神，只等凯旋。